KITCHEN GARDEN
& LIFE

KITCHEN GARDEN & LIFE

키친 가든 & 라이프

박현신 지음

hansmedia

언젠가 전원에서 살아보고 싶다는 생각을 품게 된 것은, 아주 오래전 제가 일본에 요리 공부를 하러 갔을 때 처음으로 접했던 허브와 스파이스 사랑에서 시작되었습니다. 한국에 돌아와 다양한 요리를 하면서 당시 우리나라에서는 좀처럼 구하기 어려웠던 프레시 허브가 필요했고, 어느 날 갓 수확한 오이의 맛을 본 이후로는 직접 채소를 키워보고 싶은 마음이 더욱 간절해졌죠. 그렇게 저희 부부는 허브나 채소를 직접 키울 수 있는 땅이 있는 시골로 이사를 결심하게 되었습니다. 이사를 하고 제가 가장 먼저 한 일은 채소와 여러 가지 베리들, 허브를 심은 키친 가든을 만드는 것이었어요.

그전까지는 남편도 저도 시골에 살아본 일이 없는 데다 채소나 허브를 키워본 경험도 없었습니다. 그러니 처음부터 무리하지 말고, 많은 양을 수확하거나 모든 작물을 다 키우려고 하지 않기로 했습니다. 조금씩 우리가 살고 있는 땅에서 잘 자라는 식물들을 하나씩 찾아내어 키우다 보니 많이 애쓰지 않고도 수확을 거두는 기쁨을 맛보게 되었고, 자신감도 얻게 되었죠. 작물을 직접 키우며 다양한 방법으로 식품을 저장하는 일에도 자연스레 재미가 나고, 저장한 것들을 주위에 나누는 즐거움도 알게 되었습니다.

몇 년이 지나자 처음 전원에 집을 짓게 되었을 때의 흥분도, 집을 꾸미는 재미도, 야외에서 친구들과 즐기는 바비큐 파티도 시들해졌지만 자연에서 누릴 수 있는 잔잔하고 소소한 재미를 발견하는 일은 시간이 지날수록 더욱 흥미롭고 많아졌습니다. 이제는 그러한 순간들이 차곡차곡 쌓여 시간이 지나도 물리지 않는 생활의 즐거움이 되었지요.

겁도 없이 몰라서 시작한 저희 부부의 전원생활이 올해로 벌써 28년째가 되었습니다. 아직도 아침에 눈을 뜨면 매번 다르게 보이는 풍경을 즐기고, 제일 먼저 키친 가든을 둘러봅니다. 이 책에는 계절의 정원에서 자라난 신선한 채소와 허브 이야기, 베리를 키우고 수확하는 즐거움, 전원에서 살아가며 기록한 저의 자그마한 팁을 모아두었습니다. 자연을 닮은 정원과 일상에서 찾아낸 소소한 기쁨을 여러분과 함께 나누고 싶습니다.

SPRING

봄,

SUMMER

여
름,

AUTUMN

가
을,

WINTER

겨
울,

SPRING

봄,

Beau-Séjour Bécot
BERNON
GOMERIE

봄,

3月

어제 창밖을 보다 깜짝 놀랐습니다. 밤새 진달래가 툭 터져 피어 있고 뒷산에는 할미꽃, 솜나물, 생강나무가 그새 피기 시작했습니다. 쑥도 돋아 있고요. 나무들도 물이 오르기 시작합니다. 지난겨울은 그렇게 추웠는데 올해의 봄은 더 빨리 온 느낌이네요. 이제 진짜 봄이 왔어요. 잘 지켜보지 않으면 봄은 눈 깜박할 사이에 지나갑니다. 아직 갈색 천지인 숲속에서 홀로 피어 넋을 잃게 만든 진달래, 생강나무 몇 가지를 잘라 왔습니다. 생강나무 가지는 씻어서 잘게 잘라 말려두면 일 년 내내 뜨거운 물 부어 향긋한 차로 즐길 수 있습니다. 향기로운 아침입니다.

막 피기 시작한 매화 여러 송이를 솎아 접시에 올린 후 뚜껑을 잠시 덮어둡니다. 향을 잠시 모았다가 뚜껑을 열어서 진한 매화 향을 한번에 느끼는 호사를 누려보세요. 그리고 시럽을 부어 매화 코디얼을 만들어 보세요. 만들어둔 코디얼은 일주일 정도 숙성해 두었다가 탄산수를 부어 시원하게 마시면 좋습니다. 지금부터 매화를 한 송이 한 송이 모아서….

딸기 철 끝물에 작은 딸기가 나오는 요즘이 딸기잼을 만들기에 최고의 타이밍입니다. 제가 딸기잼을 만드는 방법은 이렇습니다. 설탕은 딸기 무게의 20%만 넣습니다. 집에서 제일 바닥이 넓은 냄비에 작은 딸기(또는 1/4쪽으로 자른 딸기) 500g, 설탕 100g, 냉동 라즈베리를 딸기 무게의 10% 정도 넣고 섞어주세요. 그렇게 10분 정도 둔 후 냄비를 센 불에 올리고, 끓기 시작하면 주걱으로 계속 저어 거품을 제거해 10분 내외로 수분을 빨리 날려줍니다. 소스용으로 쓰려면 살짝 덜 졸이면 됩니다. 그러면 딸기 향도, 알갱이도 그대로 살아 있고 빛깔도 예쁜 빨간색의 잼이 되지요. 센 불에 빨리, 한꺼번에 너무 많이 만들지 않고 100ml 정도의 작은 병에 나누어 저장하는 것이 오래도록 예쁜 색의 딸기잼을 즐기는 방법입니다.

냉동 라즈베리를 넣는 방법 외에도 딸기잼에 먹다 남은 레드와인이나 히비스커스티 1팩을 넣으면 아주 예쁜 색의 잼이 됩니다. 그렇게 만든 딸기잼을 요거트나 아이스크림에 곁들여 먹는 것이 무척 좋았습니다. 온 집 안에 향긋한 딸기 향이 가득한 하루입니다.

봄이 되어 새순이 돋고 꽃이 피기 시작하면 주위에서 시골로 이사 오고 싶다며 저에게 조언을 구합니다. 그런 분들에게 저는 우선 자신의 생활 패턴을 잘 살펴보라고 말해줍니다. 밥 한 끼 해먹을 여유가 없을 정도로 바쁘거나, 스스로 무언가를 키우거나 가꾸는 소소함보다 다른 즐거움을 원한다면 굳이 시골로 이사 오는 것을 다시 한번 생각해 보라고요. 평소에 몸을 바지런히 움직이는 걸 좋아하는지도 무척 중요합니다. 그렇지 않으면 주변이 금세 폐허처럼 변해버려요. 저 역시 한여름에는 정원과 텃밭 일이 지치고 힘들기도 해서, 꿀 같은 휴식을 취할 수 있는 겨울이 은근히 기다려지기도 하거든요. 그래도 봄이 오면 매년 새롭고 신기하고 재밌습니다. 그렇게 처음 봄을 맞는 사람처럼 28년째 시골에서 지내고 있습니다.

전원주택을 지으면서 글 · 손진수

서울에서 태어나 40년 넘게 도시에서 살았던 우리 부부가 전원주택을 지을 때 가장 염두에 둔 것은 집과 정원 관리 때문에 일상생활이 지치지 않도록 하는 것 그리고 우리나라의 긴 겨울을 따뜻하게 보내면서 난방비는 경제적으로 큰 부담이 되지 않도록 하는 것이었습니다. 그래서 단열과 지열 난방을 활용해 추운 겨울에도 실내가 아파트만큼 따뜻하면서 난방비는 적게 나오도록 건축 설계를 했습니다.

저희 집은 본채와 별채, 두 개의 단층 건물로 이루어져 있습니다. 그중에서 별채는 사랑채의 개념으로 사용합니다. 이를 통해 부부가 낮에 같이 있는 시간을 줄여 각자 자신만의 시간을 가지고, 아내는 독립적인 작업 공간에서 정서적인 여유를 찾을 수 있지요. 별채는 부부의 공동 공간이기도 하지만 때로는 워크숍이나 강의 공간으로 쓰기도 하고 평상시에는 제가 목공을 하는 공간으로 사용합니다. 가끔씩 손님이 집에 머무를 때는 손님 공간으로 프라이빗하게 활용하기도 하지요.

전원생활은 아파트 생활과는 달리 자질구레한 정원 용품, 도구, 연장들이 많아 꼭 별도의 창고를 만들어야 합니다. 그렇지 않으면 집 주위가 지저분해지고 도구들이나 연장이 금세 고장이 납니다. 또 처마를 길게 빼서 수확한 농작물을 말리거나 손질할 수 있도록 비를 맞지 않는 공간을 만들어두는 것도 꼭 필요합니다. 비가 올 때 처마 아래에서 바비큐를 하거나 부침개를 부쳐 먹는 즐거움도 빼놓을 수 없으니까요.

가능하다면 여름철에 유용한 야외 샤워장이나 화장실을 만들어 두는 것도 좋습니다. 여름철에는 야외 작업을 잠깐만 해도 옷이 땀에 젖을 뿐 아니라 풀잎, 흙, 벌레, 진드기가 옷에 묻을 경우 아무리 털어내도 집 안에 따라 들어올 수 있으니까요. 이런 시기에는 야외 샤워장에서 씻은 후 옷을 갈아입고 집에 들어가는 것이 좋습니다.

겨울철에 실내에 머무는 음식 냄새를 최소화하기 위해서는 부엌 옆에 외부 데크를 만들고 외부 데크로 통하는 출입문을 만들면 편리합니다. 외부 데크에는 별도의 야외 조리대나 싱크대를 두어 냄새 나는 국이나 찌개를 끓일 때, 채소를 데쳐 손질해둘 때 유용합니다.

야외 싱크대와 조리대가 있으면 실내를 좀 더 쾌적하게 유지하는 데도 도움이 됩니다. 텃밭에서 수확한 농작물은 벌레나 흙이 묻어 있으므로 야외 수도에서 깨끗이 손질해서 들여와야 벌레가 집에 따라 들어오는 것을 방지할 수 있거든요. 또 야외에서 식사를 할 수 있는 테이블도 둘 수 있고요. 여기서 중요한 포인트는 이러한 시설들을 집에 설치할 경우 꼭 건축 설계 전에 미리 고려해야 건축 외관과 조화를 이룰 수 있다는 것입니다.

Toilet

매일 사용하지는 않아도 서랍 속으로 들어가 있으면 잊어버리게 되는 키친 도구들. 늘 사용하지는 않지만 식탁을 윤택하게 해주는 파에야 팬, 베이킹 도구들, 작은 프라이팬 같이 오브제로도 손색이 없는 도구들이 있습니다. 벽에 걸어두고 써보니 역시 눈에 자주 걸려야 자주 쓰게 되네요. 사람도 잊히지 않게 서로 안부 묻고 살아야겠습니다. 보아야 또 이야기가 생기고 그래야 다시 만나게 될 테니까요.

지난 가을에 수확하여 냉장고에 넣어둔 당근에 싹이 나기 시작하면, 싹이 난 부분을 잘라 접시에 물을 붓고 담가둡니다. 그러면 위로는 초록 잎이 올라오고 아래에는 뿌리가 나기 시작하죠. 초봄에 초록 잎이 그리울 때 바라보면 꽃보다 예쁘기도 하지만 날이 따뜻해졌을 때 그대로 땅에 심으면 여름에 아름다운 당근 꽃이 피어납니다. 꼭 땅에 심지 않더라도 초록 잎이 올라오는 걸 보는 것만으로도 집 안에 생기가 돕니다.

비올라 꽃은 요즘에 관공서에서 거리에 무더기로 심어 흔해지는 바람에 귀한 느낌은 없어도, 저는 초봄에 군데군데 이 꽃을 정원에 심어둡니다. 비올라는 저절로 씨가 떨어져 봄이면 여기저기 꽃이 피지만 그래도 꽃이 핀 모종을 이른 계절에 심고, 순차적으로 꽃을 피우게 하면 더욱 보기가 좋지요.

오늘은 삶은 달걀을 반으로 자르고, 노른자에 머스터드와 마요네즈를 섞어 흰자 안에 넣은 후 씨 겨자와 비올라, 다진 블랙 올리브를 올려보았습니다. 만들기 쉽지만 웰컴 푸드로 내놓으면 누구나 반기는 메뉴입니다. 또는 꽃을 잘 말려서 쿠키 위에 올려도 예쁘고요. 이렇게 근사하게 만들어 식탁에 내놓으면 길거리에서 흔히 볼 수 있는 비올라라고 누구도 생각하지 않지요.

온상에서 월동한 처빌은 보기에는 가녀리고 하늘하늘하지만 생각보다 강한 허브입니다. 오믈렛이나 당근 샐러드, 생선 요리에 두루두루 잘 쓰여서 프렌치 파슬리라고도 불립니다. 흰색의 가녀린 꽃도 참 예뻐서 정원의 다른 꽃들과도 잘 어우러지고, 저절로 씨가 떨어지니 크게 신경 쓰지 않아도 그늘에서 아주 잘 자랍니다. '핀 에르브Fines herbes'라는 이름으로 차이브, 처빌, 타라곤, 파슬리를 다져 허브 믹스로 만들어 쓰기도 하죠. 어제는 딸기와 부라타 치즈에 처빌, 엑스트라 버진 올리브오일, 후추를 뿌려 같이 먹었는데 맛이 아주 잘 어울렸습니다.

화분에 심어둔 콩이 열흘 사이 쑥 자라 이제 제법 완두콩 모종인 걸 알 수 있게 되었습니다. 신기해서 한밤중에 보고 또 바라봅니다. 매년 봄이 올 때마다 봐도 봐도 신기한 새싹들. 어떻게, 얼마나 성장할지 알고 있으니 벌써 완두콩이 주렁주렁 열리는 상상으로 한밤중에 혼자만의 즐거움에 빠졌습니다.

지금 누릴 수 있는 최고의 꽃놀이.

숲 속에 지천으로 핀 진달래꽃을 따서 꽃술을 떼어내고 알코올 도수 35도 소주를 부어 담금주를 만들어 두었습니다. 약술이라고 하니 예쁘게 잘 익어 약이 되어라.

단맛을 가득 머금은 쪽파가 쭉쭉 올라와서 오늘은 일본의 채소 요리 전문가 이즈미 카미야에게 배운 포카치아 반죽에 쪽파를 넣어 구웠습니다.

힘들게 반죽하지 않아도 되는 포카치아 만드는 방법은 다음과 같습니다. 강력분 600g, 소금 10g, 설탕 10g, 드라이 이스트 10g, 물 600g을 섞어 따뜻한 곳에 둡니다. 반죽이 2배로 부풀면 추위를 이기고 힘차게 올라온 쪽파를 그 위에 올리고 올리브오일을 뿌린 다음 200도로 예열한 오븐에서 20분 구우면 됩니다.

차이브 첫 수확 　3月

오늘은 낮과 밤의 길이가 같은 춘분입니다. 딱 이맘때가 되면 봄을 시작하는 허브 중에서도 가장 일찍 수확할 수 있는 차이브가 올라옵니다. 겨울이 오기 전까지 매일 자르고 잘라도 계속해서 수확이 가능한 차이브는 아무리 추워도 월동을 잘한답니다. 게다가 옅은 보라색 꽃은 얼마나 예쁜지. 맛과 향이 크게 두드러지지 않지만 어떤 요리와도 잘 어울리는 허브입니다.

차이브는 특히 크림치즈와 최고의 궁합을 자랑합니다. 잘게 자른 차이브를 크림치즈에 섞어 몇 시간 숙성시켜 크래커나 빵에 발라주면 근사한 요리가 됩니다. 또 달걀과의 궁합도 빼놓을 수 없어서, 오믈렛으로 만들어도 최고예요. 따뜻한 수프 위에도 차이브를 송송 잘라 뿌려보세요. 잘라서 요리에 사용하고 또 며칠만 지나면 쑥쑥 자라 있는 신통방통한 허브입니다.

작년에 집 텃밭에 핀 아티초크 꽃봉오리 사진을 보며 올해도 심을 준비를 하고 있습니다. 아티초크 꽃봉오리를 먹는 방법은 꽃봉오리 끝을 1/4정도 자른 다음, 삶아 이파리를 한 장씩 떼어 꽃대에 붙은 부분만 이로 긁어 먹습니다. 그리고 세로로 반을 갈라 안에 있는 털을 스푼으로 제거해서 '하트'라고 불리는 부분을 먹는 것인데, 꽃잎을 한참 벗기고 나서야 만날 수 있어요. 애쓴 보람이 있게 맛은 있지만 우리가 오랫동안 먹어온 채소가 아니라서 유럽 사람들이 좋아하는 만큼 맛있냐 하면 그건 아닌 것 같아요. 이제는 국내에도 아티초크가 수입이 되어 어렵지 않게 구할 수 있습니다.

혹시 텃밭이 있다면 자리를 많이 차지하긴 하지만 직접 심어봐도 좋답니다. 아티초크 꽃봉오리를 먹지 않고 그대로 두면 보라색 꽃이 핍니다. 실은 아티초크 꽃이 너무 근사해서 저도 꽃을 보려고 일부러 먹지 않고 두는 경우가 많답니다.

봄에 화분을 밖에 내놓을 때는 언제나 너무 성급한가 싶어 고민이 되지만 겨우내 햇볕이 그리운 식물들에게 빨리 봄바람을 쐬어주고 싶어 어제 화분들을 전부 밖으로 내놓았습니다. 대청소까지 하고 나니 진짜 봄이 온 것 같네요.

봄이 오는 소리가 들리니 아침부터 텃밭으로 나가보지 않을 수 없습니다. 쪽파, 차이브, 양파, 복수초도 쑥쑥 올라오는 아침입니다. 곧 차이브 꽃이 필 테니 작년에 말려 둔 차이브 꽃을 아낌없이 넣어 차이브 스콘을 만들었습니다. 이렇게 꽃을 말려두면 신선한 차이브 잎을 구하기 어려운 계절에 잎 대신 아주 요긴하게 쓰입니다. 스콘은 푸드 프로세서를 이용하면 손에 반죽을 묻히지 않고 금세 만들 수 있어요.

노랑 아카시아 3月

아주 큰 화분에 심은 노랑 아카시아(아카시아 스펙타빌리스)가 만발한 모습도 너무 멋지지만, 삽목한 지 4년만에 30cm에서 1m로 성장해 올해 첫 꽃을 피워 감격스럽습니다. 산수유, 매화꽃도 피기 시작합니다. 더디더라도 매년 조금씩 성장하고 꽃이 피는 변화를 지켜보는 것이 식물을 키우는 가장 큰 즐거움입니다. 아직 눈에 보이는 풍경은 겨울이지만 조금 조금의 변화가 있습니다. 변화가 없다면 얼마나 지루할까요? 남들은 눈치 못 채더라도 조금씩 달라지는 풍경을 즐깁니다.

봄,

4月

아스파라가스의 계절이 시작되었습니다. 오늘 아침에 보니 어느새 싹이 쑥 올라와 있네요. 이맘때가 땅에서 올라온 아스파라거스를 생으로 먹기에 가장 맛있는 시기입니다. 채소가 가장 맛있는 4월과 5월에 단물이 가득 오른 아스파라거스를 꼭 맛보세요. 아스파라거스는 수확 직후부터 맛이 급격히 떨어지기 때문에 갓 따서 생으로 먹으면 단맛과 아삭함이 최고입니다. 물론 수확 후 시간이 지난 것은 데치거나 구워 먹어야 하고요.

오늘은 소금을 살짝 넣고 끓인 물에 아스파라거스를 넣어 알맞게 데치고 그 물에 달걀을 7분 삶아서 제가 좋아하는, 살짝 노른자가 흐르는 정도가 되도록 만들었어요. 과정이 단순해서 요리라고 할 것도 없는 음식이지만, 뭐든 딱 원하는 느낌으로 만드는 일이 생각보다 쉽지는 않죠. 아침을 먹다가 접시를 보니… 오늘은 정말 딱 알맞게 맛있는 한 끼였습니다.

'용을 쓴다'라는 말이 뭔지 알 것 같은 모습입니다. 흙을 뒤집고 자신을 감싸던 솜을 비집고 작은 씨앗에서 싹이 올라오는 모습은 볼 때마다 감동입니다. 점같이 작은 씨앗으로 시작한 새싹에서 고추도 토마토도 열리고, 쟁반같이 큰 해바라기 꽃도 핍니다.

식물의 시작부터 보고 싶은 마음에 재미로 시작한 씨앗 키우기가 저에게 인생의 큰 깨달음을 주었죠. 속이 보이지 않으니 더욱 더디고 지루하기만 한 발아 과정. 그러나 싹이 트기만 하면 그다음은 쭉쭉 성과가 눈에 보입니다. 하지만 첫 싹이 트기까지 기다리는 게 참 어렵지요. 모든 일이 다 그런 것 같습니다. 싹이 툭 올라온 아침에 든 생각입니다.

먼저 시골로 이사 온 저의 권유로 아버지는 70세에 시골에 집을 지으셨습니다. 이런 부모님을 주변에서는 의아해했습니다. 게다가 농사 경험도 없으시니 많은 분들이 걱정했지만 오히려 처음 해보는 일이라 매일 흥미롭게 배우고 깨닫게 된다며 노년의 시간을 충만하게 보내고 계세요. 편히 쉬기보다는 매일 조금씩이라도 일을 하는 것이 저희 부모님이 건강을 유지하신 비결이 아닐까 생각합니다. 20여 년이 지난 지금은 그때의 결정에 감사한 마음입니다.

70세에 처음으로 땅과 친구가 된 아버지가 이제는 줄을 띄워서 가지런히 마늘을 심으시며 땅과 집중하여 재미나게 대화하는 듯한 모습을 바라보니 이제 인생의 무거운 짐을 다 내려놓고 햇볕 아래 행복하시겠구나 하는 생각이 듭니다. 땅은 20년 넘게 아버지의 변치 않는 친구가 되어주었습니다.

변덕스러운 봄. 그래도 봄비를 맞자 마치 마법에 걸린 것처럼 이틀 사이에 앞산이 수채화가 되었습니다. 애쓰지 않아도 저절로 피고 지고 잘 번지는, 참 쓰임이 많은 제비꽃도 지천에 피었습니다.

구운 빵에 마스카르포네 치즈나 리코타 치즈를 듬뿍 바르고 그 위에 제비꽃을 올려보세요. 별거 아니지만 별것이 되는, 기분 좋은 아침을 만들어줍니다. 혹시 정원에 제비꽃이 없다면 한두 포기 구해다가 심어보세요. 그러나 한번 심으면 너무너무 번져서 골치 아프기도 하니 주의하세요.

루콜라 꽃 4月

지난해 가을에 먹다 남은 루콜라를 온상에 그대로 두었더니 올해는 일찍 꽃을 피우기 시작하네요. 이른 봄에 즐기는 연한 크림색 십자 모양의 루콜라 꽃이 좋아서 늘 조금씩 월동시켜 두거든요. 루콜라 꽃은 예쁘기도 하지만 샐러드에 올리면 부드럽고 쌉쌀한 맛이 참 좋습니다. 오늘은 삶은 달걀을 아름다운 루꼴라 꽃 위에 살살 굴려보았습니다. 봄바람이 세게 불지만 그래도 봄은 오고 있어요.

전원생활을 하며 제가 오랫동안 온상을 써보니 이럴 때 꼭 필요합니다. 봄이어도 모종을 심기에는 서리 때문에 걱정이 되거나 여름에 폭우로 습기에 약한 허브가 걱정이 될 때 그리고 초봄에 튤립이나 수선화 같은 봄꽃을 조금 일찍 보고 싶을 때 온상이 참 도움이 되었습니다. 루콜라나 래디시같이 이른 봄부터 수확할 수 있는 채소나 허브는 저녁에 뚜껑을 덮어두기만 해도 상당히 빠르게 자라납니다. 지천에 꽃이 만발하기 전 지난 늦가을에 온상에 묻어둔 튤립이 막 피기 시작했습니다.

민들레 4月

민들레는 잎, 꽃, 뿌리 어느 하나 버릴 데가 없는 허브입니다. 하지만 제대로 대접을 못 받는 이유는 장소 가리지 않고 아무 데서나 잘 자라고 꽃도 잘 피워서 비교적 흔해 보이기 때문이 아닐까요? 몸에 좋은 허브인 민들레는 오래전부터 잎은 샐러드나 나물 또는 생채로 즐기고 꽃은 꿀술을 만들 때 쓰였습니다. 뿌리는 구워서 커피 대신 차로 마시면 카페인 없이 구수하고 부담 없는 맛이죠. 여기저기 좋은 점이 한두 가지가 아니랍니다. 깨끗한 곳에서 자라고 있는 민들레가 있다면 꼭 한번 눈여겨보세요.

겨우내 실내에 둔 덕분에 일찍 꽃을 피운 로즈 제라늄은 모기를 쫓는다고 해서 구문초라고도 불립니다. 잎 하나를 떼어 손으로 비비면 웬만한 향수보다 더 짙은 향이 나지요. 향이 강하지 않은 아카시아꿀에 로즈 제라늄 잎과 꽃을 넣고 중탕을 하거나 그대로 일주일 정도 담가두면 로즈 향 가득한 꿀이 됩니다. 또 여름이면 잎이 무성하게 자랄 테니 잎을 잘라 말려보세요. 로즈 제라늄의 잎을 비벼 집 안에 두면 웬만한 디퓨저보다 향이 더 좋답니다.

봄이 되면 마음이 성급해져 빨리 화분을 내놓고 싶어집니다. 그러나 서리 걱정이 완전히 가신 후가 아니면 겨우내 잘 키운 식물들을 한번에 죽게 만들 수 있어요. 요즘 정도의 온도라면 이제 서리 걱정은 없을 것 같아서 겨우내 실내에 두었던 화분들 그리고 마지막으로 추위에 약한 화분들까지 모두 집 밖으로 내보냈습니다. 이제 새벽 공기도 그렇게 차갑지 않네요. 실내에서 겨울을 난 식물을 밖으로 내보낼 때는 서서히 햇빛에 적응시켜주어야 합니다.

우선은 그늘에서 적응을 하도록 한 후 햇빛을 볼 수 있도록 해주세요. 밖에서 혹독한 겨울을 보낸 식물들은 갑자기 봄에 추위가 오거나 햇빛이 강해도 문제가 없지만 겨우내 보호만 받았던 식물들은 적응 기간이 꼭 필요합니다. 천천히 천천히요. 그렇게 밖으로 나간 화분들이 이제는 서서히 그늘에서부터 빛과 바람에 적응해 나가고 있습니다.

학 자스민은 실내에 가득 채운 향을 더 즐기려고 아직 실내에 남겨두었습니다. 아무리 값비싼 룸스프레이를 뿌려도 느낄 수 없는, 기분 좋은 향이 꽃 피는 내내 가득했습니다. 봄꽃도 잠깐이라지만 잠깐 동안이라도 황홀했으니 됐다 싶습니다. 홀린 듯한 봄!

눈 깜짝할 사이에 조팝 꽃이 환하게 피어 향이 진동합니다. 모처럼 반가운 비도 내리기 시작하고, 뿌려놓은 씨앗들도 빼꼼히 얼굴을 내미는 아침입니다. 뭐든 뿌려야 싹이 나고 거둘 게 있으니 때가 되면 일단 심고 뿌리고 볼 일입니다. 태풍과 가뭄에 다 사라진 것 같아도 시간이 지나면 그래도 꼭 다시 살아난다는 걸 믿으니까요. 아무것도 안 하면 아무 일도 일어나지 않지요.

봄에는 주위에 널린 게 쑥이라 대접을 잘 못 받지만 사실 이렇게 손쉽게 먹을 수 있는 허브도 흔치 않지요. 흔한 허브라고 해서 그 가치가 떨어지는 것이 절대 아닙니다. 일부러 심지 않아도 그리고 애써 키우지 않아도 봄에 지천인 쑥입니다. 요즘 동네 방앗간에 쑥떡을 만들러 오신 할머니들이 가득입니다. 역시 한국인이 가장 사랑하는 허브는 쑥인 것 같습니다.

봄에는 샐러드 4月

샐러드에 넣을 채소는 씻어서 바로 사용하지 않고 물기를 뺀 후 밀폐 용기에 담아 냉장고에 미리 넣어둡니다. 이렇게 채소가 수분을 충분히 흡수하도록 한 후에 사용하는 편이 훨씬 더 아삭하고 맛있거든요. 아침에 먹을 샐러드라면 저녁에 씻어서 냉장고에 넣어두세요. 아침 시간이 한결 여유롭고 편해집니다. 어린 민트 잎, 차이브, 돗나물, 로메인에 순무로 만든 핑크색 순무 라페를 올리고 삶은 오리알을 반으로 잘라 넣었습니다. 여기에 파르미지아노 레지아노 치즈를 갈아서 듬뿍. 물론 올리브오일도 충분히 뿌려주고요. 봄에는 역시 샐러드입니다.

지난 초겨울에 구근을 땅에 묻어두기만 했을 뿐인데 봄이 되니 차례대로 하나씩 꽃이 피어 즐거운 꽃놀이를 하고 있습니다. 작은 구근에서 이렇게 아름다운 꽃이 필 거라는 걸 알고 있었기에, 몇 개월 동안 당장 꽃이 피지 않더라도 믿고 기다렸습니다. 화려한 꽃이 이미 피어 있는 모종을 심는 것보다 훨씬 기쁨이 크거든요. 모든 일에 확신만 있다면 기다리는 일은 아무것도 아닌 것 같습니다. 믿고 기다리는 게 참 어렵지만요.

봄,

5月

봄비 5月

어제 내린 비는 촉촉한 봄비가 아니고 요란한 장대비더니 또 금세 맑아져 천장으로 들어오는 햇살이 거짓말 같은 하루였습니다. 입하가 지났는데도 아직 아침은 초겨울같이 춥고 바람도 세차고 그야말로 변화무쌍한 요즘입니다. 덕분에 올해는 봄이 다른 해보다는 오래 머물다 가는 것 같아요. 너무 자주 오는 봄비는 고맙다가도 살짝 걱정도 되지만, 그래도 제 순서대로 꽃이 피어나는 아침입니다.

금잔화 5月

금잔화(카렌듈라) 꽃은 특별한 맛은 없지만 쨍한 주황색이 기분 전환에 최고의 역할을 합니다. 화장품 중에 금잔화가 들어간 토너나 오일은 많이 접해보셨을 거예요. 상처 난 피부 재생에 효과가 있다고 하지요. 금잔화는 피부에도 좋지만 다른 허브와 같이 섞어서 허벌티Herbal tea로 마셔도 좋고, 깨끗한 레어 치즈케이크나 컵케이크 위에 뿌려도 잘 어울립니다. 보고만 있어도 기분이 저절로 밝아집니다.

장마가 오기 전의 요즘이 허벌티 만들기에는 최적의 타이밍이에요. 금잔화 꽃이 활짝 피면 따서 접시에 꽃잎만 떼어 말려두세요. 금잔화 꽃을 뒤집어서 말리면 꽃 모양 그대로 마르는데 케이크 스탠드 위에 올려 말리니 그냥 두고 보아도 아름답습니다. 금잔화 꽃은 향이 강하지 않아 다른 허브와 블렌딩하기에도 좋고, 말린 꽃잎은 두루두루 아주 요긴하게 쓰인답니다.

화병 꽂이 5月

입하를 시작으로 샤스타데이지, 수레국화, 차이브 꽃이 터지기 시작합니다. 꽃들이 만발하기 시작하는 요즘은 안팎으로 꽃이 풍성해지네요. 꼭 멋지게 디자인하지 않아도 되니 우선 마음 가는 대로 꽃을 병에 꽂아보세요. 한 아름 모아온 꽃을 부엌 창가에 두거나, 필요하면 꽃잎을 따서 디저트나 아이스크림에 조금 올려도 좋고요. 꽃을 화병에 깔끔하게 꽂으려면 아래쪽 가지에 붙은 작은 꽃을 떼내야 하는데, 차마 버리지 못할 때가 있지요. 그럴 때 딱 맞는 그릇을 찾아 꽂으면 그렇게 기쁠 수가 없습니다. 맞지 않고 좋은 그릇보다는 자기에게 딱 맞는 그릇, 그게 중요하지요.

갑자기 누군가 찾아오더라도 금세 만들 수 있어 기분 좋은 티타임을 완성해주는 쇼트브레드Short bread. 이 과자의 또 다른 이름인 페티코트 테일스Petticoat tails란 말도 참 예쁘지요. 기본 쇼트브레드 반죽에 라벤더나 로즈메리를 넣어 만들면 더 특별해집니다. 영국의 애프터눈 티 클래스에서 배운 줄리아나의 레시피는 이렇습니다.

재료: 밀가루 150g, 쌀가루 또는 세몰리나 50g, 옥수수가루 25g, 설탕 75g, 차가운 버터 150g

푸드 프로세서에 가루류를 모두 넣고 곱게 섞어주세요. 여기에 차갑게 자른 버터를 넣고 다시 푸드 프로세서에서 갈아주다가, 반죽을 하나로 뭉쳐주세요. 뭉쳐진 반죽을 랩에 감싼 다음 밀대로 밀거나 타르트 틀이나 파이 틀에 넣어줍니다. 반죽을 160도로 예열한 오븐에서 30분 구워주세요. 잘 구워진 쇼트브레드는 뜨거울 때 칼집을 내도록 하고, 아무리 급해도 꼭 충분히 식혀서 드세요.

차이브 꽃 5月

차이브 꽃이 피기 시작했습니다. 심어만 두면 저절로 잘 크고 벌레와 월동에도 강한 차이브는 일 년 내내 잘라 먹을 수 있는 저의 최애 허브입니다. 차이브 꽃이 막 피려고 할 때 줄기를 잘라서 물에 꽂아보세요. 꽃 속에 작은 꽃송이가 피어나기 시작하면 꽃을 떼어낸 다음 소금과 레몬제스트를 섞어 그대로 말려 병에 담아두면 요리의 가니시로 요긴하게 쓰입니다. 달걀 반숙에 말린 차이브를 살짝 뿌리기만 해도 바로 근사한 요리가 되지요.

Recipe. 차이브 어니언 스프레드 5月

햇양파와 붉은 피망을 각각 1개씩 다져서 물기 없이 충분히 볶은 다음 식힙니다. 여기에 리코타 치즈, 사워크림, 차이브, 파프리카 파우더, 소금, 후추를 넣고 잘 섞어서 크래커나 빵에 발라보세요. 진한 양파 맛에 차이브 향이 가득입니다.

딸보다 늦게 시골로 이사 온 엄마는 딸 넷을 키우느라 아프지 않은 곳이 없었는데 시골로 오면서 아픈 곳도 없어지고 2025년이면 86세이신데도 삽질 정도는 끄떡없으니 이사 오시게 한 보람이 있습니다. 그 비결은 끊임없이 움직이는 데 있는 것 같아요. 집에 마당이 있으면 가만히 있을 틈이 없거든요. 나의 텃밭과는 차원이 다른 엄마의 텃밭은 부모님의 부지런한 발자국 소리를 듣고 자란 식물들로 늘 반질반질합니다. 오늘은 부모님 집에서 한 삽 푹 떠온 붓꽃을 정원에 심었습니다.

사흘 내내 비가 온다는 소식에 서둘러 장미 송이를 떼어 테이블 위에 펼쳐 놓았습니다. 오전 내내 장미 향에 취해 있다가 장미 꽃잎 잼Rose petal jam을 만들었습니다. 식용 장미 꽃잎을 떼어낸 다음 깨끗이 씻어주세요. 물에 장미 꽃잎을 넣어 10분 정도 끓이면 잎이 하얗게 변합니다. 여기에 설탕과 레몬즙 1개 분량을 넣으면 다시 장밋빛으로 발색이 되는 마법! 그리고 다시 잼을 잘 저어서 졸여줍니다. 완성된 장미 꽃잎 잼은 더운 날 탄산수를 부어 마셔도 좋고, 요거트나 판나코타에 올려도 맛있습니다.

타임 꽃

5月

의외로 궁합이 좋은 것들이 있죠. 저는 딸기, 후추 그리고 타임 꽃의 조합을 좋아합니다. 딱 요즘같이 오렌지 타임이 만발할 때 그릭 요거트나 리코타 치즈에 타임 꽃을 넣고 엑스트라 버진 올리브오일을 뿌려 천천히 맛을 음미해보세요. 요리든 식물이든 너무 애쓰지 않아도 충분히 맛있고 아름답습니다. 오렌지 타임은 월동도 잘하고 건조한 돌 틈 같은 곳에서도 잘 자랍니다. 그리고 봄이면 이렇게 사랑스럽고 작은 꽃들을 피워내지요. 신경 쓰이지 않게 하면서도 쓸모는 많은 이러한 생명들을 좋아합니다.

Recipe. 타임 카망베르 치즈구이

5月

타임 꽃과 잎을 카망베르 치즈에 올린 다음 종이로 싸서 오븐에 넣어 구워보세요. 로즈메리도 치즈와 어울리지만 타임도 아주 잘 어울립니다. 굽지 않고 싸두기만 해도 치즈에 타임 향이 은은히 배어납니다.

채소가 맛있고 모양도 예뻐지는 잎채소의 전성기가 왔습니다. 대규모 농장에서 키운 것보다 작은 텃밭에서 키운 채소가 더 맛있게 느껴지는 이유는 아마도 제 속도로 키워서가 아닐까 합니다. 커다란 비닐하우스에서 똑같은 온도를 밤낮으로 맞춰주고, 같은 시간에 물을 주고 양분도 똑같이 준 게 아니라서 그래서 더 맛있는 게 분명합니다.

텃밭에서 제 속도로 자란 채소는 낮과 밤의 온도도 다르고, 자라난 땅이나 양분도 다르고, 받아들인 비와 바람 그리고 햇살도 모두 다릅니다. 시설에서 키운 수경 재배 채소는 채소지만 공산품 같은 느낌이 나는 건 저만의 생각일까요? 그래서 가까운 곳에 소규모 농가가 많이 생기고 농가마다 특색 있는 맛을 볼 수 있는 농산물 마켓이 많이 생긴다면 좀 더 다양한 채소의 맛을 볼 수 있을 것 같습니다. 균일한 맛이 아닌 다양한 맛을요.

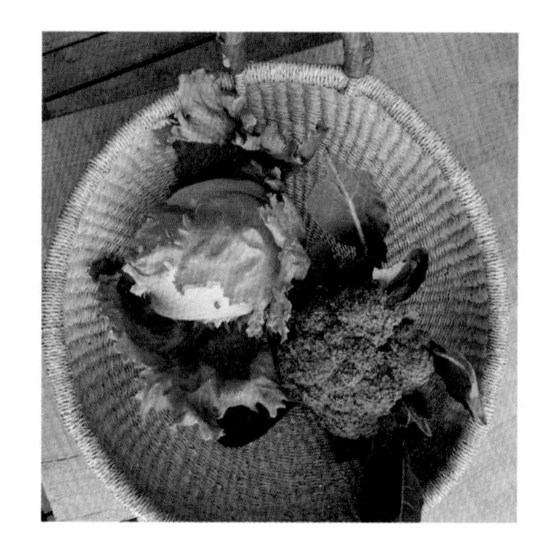

돌 고르는 데 쓰는 체가 이럴 때 딱 유용합니다. 차이브 꽃이 막 피기 시작할 때 줄기째 체에 세워서 말리면 꽃송이 안에 있는 작은 꽃들의 모양이 망가지지 않고 그대로 마른답니다. 말린 차이브 꽃은 밀폐 용기에 제습제를 넣고 냉장 또는 냉동 보관하면 일 년 내내 색이 그대로 유지됩니다. 샐러드, 수프, 치즈 등 어떤 메뉴든 잘 어울리니 신선한 허브가 없는 겨울에 특히 요긴하지요. 오믈렛을 만들 때, 크림치즈에 섞어서 아니면 요리 마지막을 장식하는 가니시로도 좋습니다. 차이브에서는 아주 은은한 파향이 나서 어떤 요리와도 궁합이 좋습니다. 크림치즈나 버터에 섞어두기만 해도 별다른 수고로움없이 요리가 특별해지지요.

이렇게 쓸모가 많은 차이브 꽃으로 아침에 새기는 단어 LOVE. 이 세상 모든 것을 사랑할 수는 없지만 그래도 사랑하는 일만큼 힘이 나는 것이 또 있을까요?

허벌티의 계절 5月

5월은 허벌티의 계절입니다. 허브의 향이 가장 좋고 왕성하게 자라는 시기니까요. 오늘은 레몬밤, 캐모마일, 식용 장미에 뜨거운 물을 부어 아침 텃밭 일이 끝난 후 한 잔 따뜻하게 마셨습니다. 아직은 아침에 쌀쌀해서 따뜻한 티가 마시기 좋네요.

허벌티로 마시기 좋은 허브는 깨끗이 씻어 잘라서 그늘에 말려두세요. 꼭 티로 마시지 않아도 실내에 두는 것만으로도 마음이 말랑해집니다. 레몬밤, 민트, 세이지는 쑥쑥 자라기 시작할 때 순을 잘라주면 더욱 풍성해집니다. 그렇게 자른 순은 뜨거운 물을 부어 티로 마시거나 오일버너 위에 물 약간을 붓고 올려두면 은은한 향이 집 안에 그득해집니다.

한번 심어두면 아무리 척박한 땅에서도 5월이면 청보라, 핑크, 자주색 꽃을 피우는 수레국화(콘플라워). 신비로운 청색 수레국화 꽃은 차이브 꽃만큼이나 쓰임이 많습니다. 얼그레이티와 블렌딩하거나 젤라또, 쿠키, 마카롱 위에 올려도 맛을 해치지 않고, 귀여운 수레국화 꽃잎 하나가 올라가 있는 모습이 그렇게 예쁠 수가 없습니다. 막 피기 시작한 수레국화 꽃을 송이째 딴 다음 접시에 꽃잎만 떼어 펼쳐두면 금세 마릅니다. 그렇게 말린 꽃잎은 제습제를 넣어 밀폐 용기에 보관합니다. 수레국화는 길에서도 쉽게 볼 수 있으니 씨를 받아 두었다가 가을쯤 정원에 뿌려두고 잊고 있으면 봄에 선물처럼 피어난 모습을 만날 수 있습니다.

캐모마일 5月

캐모마일 씨가 용케 돌 틈 사이에 비집고 들어가 사과 향을 날리며 화려하게 꽃을 피웠습니다. 물 한번 준 적이 없는데도 스스로 발아할 곳을 찾아 꽃을 피운 게 대견하고 신기합니다. 일부러 돌 틈 사이에 씨를 심었다면 쉽지 않았을 일이지만, 식물이 스스로 꽃 피울 곳을 찾아낸 장소에서는 불가능할 것 같아도 화려하게 꽃을 피워냅니다.

해가 지면 꽃잎을 오므리고 있다가 오전 10시쯤 꽃잎이 펴지며 사과 향을 풍기는 캐모마일. 손가락 사이에 꽃을 넣고 사과 향을 맡으며 따도 따도 매일 꽃을 피워내는 캐모마일. 말려도 향긋한 향이 그대로이고 감기에 걸렸을 때나 잠이 안 올 때 따뜻하게 마시면 좋은 캐모마일. 지금 예쁘게 말려 병에 넣어 두면 스산한 겨울에도 5월의 사과 향을 맡을 수 있답니다.

Recipe. 캐모마일 밀크 5月

<피터 래빗 이야기>에서 아기 토끼가 푹 잠을 잘 수 있도록 엄마 토끼가 캐모마일 밀크를 만들어주는 장면, 기억 나시나요? 캐모마일과 우유는 정말 잘 맞는 조합이지요. 잘 우려낸 캐모마일 밀크는 아이스크림으로 만들어도 좋습니다.

밀크팬에 우유 2/3컵, 물 1/3컵을 넣고 끓기 전에 불에서 내려주세요. 여기에 캐모마일 1작은술을 넣고 뚜껑을 덮어 3분 정도 우린 다음 체에 거르면 캐모마일 밀크가 됩니다.

COUNTY FAIR

비터스 5月

증류주에 민들레 뿌리나 강황, 생강, 오렌지 껍질, 스파이스를 넣어 좋은 성분을 추출하는 비터스Bitters는 우리말로 쉽게 이야기하면 약용술입니다. 증류주에 여러 가지 허브나 스파이스, 열매, 뿌리를 넣어 비터스를 만들어보면 여러 가지 재료가 안 어울릴 것 같아도 시간이 지나면서 잘 어우러집니다. 비터스를 만들 때는 너무 큰 병 말고 작은 병에 조금씩 다양하게 만들어주세요. 나만의 비터스를 만들어두고 속이 거북할 때, 기분 전환을 하고 싶을 때, 좋아하는 음료나 탄산수에 한두 방울 넣어 마시면 하루가 행복해집니다.

매일 쑥쑥 자라는 이탈리안 파슬리는 바로 먹지 못할 때라도 묵은 잎을 따주면 보드라운 새잎이 계속 나오고 줄기도 더 튼튼해집니다. 수확한 이탈리안 파슬리를 잘게 다져 접시에 펼치고 2~3일 정도 말리면 파슬리 플레이크를 쉽게 만들 수 있습니다. 시판 제품보다 훨씬 향도 좋고 색도 예쁘지요. 이렇게 만든 파슬리 플레이크는 병에 담아 제습제를 넣어 보관하면 일 년 내내 어느 요리에 넣어도 잘 어울려서 유용하게 쓰입니다. 마트나 시장에서 구입한 이탈리안 파슬리도 한번에 다 쓰지 못하면 이렇게 말려두면 버리지 않고 끝까지 잘 쓸 수 있습니다.

완두콩 5月

콩 한 알이 싹을 틔우고 더듬이를 뻗어가며 이렇게 많은 완두콩이 달리는 걸 보면 아직도 신기합니다. 과일과 채소가 뭐든 빠르게 유통되는 도시에서는 완두콩 철이 벌써 끝난 것 같지만 제가 사는 곳에서는 이제야 완두콩이 속을 보이며 여물어 가고 있습니다. 제 속도에 맞는 철든 과일, 제철 채소를 먹고 싶어도 먹을 수 없는 요즘입니다. 당겨진 제철을 따라가기보다는 그냥 제 속도로 키우려고 합니다.

Recipe. 완두콩 오픈 샌드위치 / 완두콩 수프 5月

완두콩을 삶을 때 저는 껍질을 까지 않고 끓는 물에 소금을 넣고 껍질째 삶습니다. 삶은 완두콩은 채반에 건져 살짝 식힌 다음 꼬투리를 잡고 손으로 훑어내려 콩을 빼내죠. 이렇게 하면 금세 껍질을 깔 수 있고 완두콩의 맛도 빛깔도 더 좋은 것 같습니다. 삶은 완두콩과 궁합이 좋은 민트를 아주 조금 넣고 으깬 후 소금, 엑스트라 버진 올리브오일을 넣고 섞어줍니다. 구운 빵에 으깬 콩을 올려 연둣빛 완두를 한입에 털어 넣는 통쾌함. 반쯤은 남겨서 그릭 요거트에 섞어 먹어도 좋습니다.

갓 수확한 완두콩은 맹물에 껍질째 넣고 끓여 소금 간만 해도 껍질에서도 충분히 단맛이 우러나옵니다. 다른 양념은 아무것도 더할 필요를 못 느낄 정도로 맛있습니다. 삶은 완두콩 껍질과 물을 버리지 말고 수프로 드셔보세요. 단 아주 신선한, 마르지 않은 콩 껍질로 만들어야 합니다.

SUMMER

여름,

여
름,

6月

올해 수확한 양파 자랑 좀 하겠습니다. 얼마나 단단하고 탱탱한지 몇 개 안 되지만 그래도 줄줄이 묶어 걸어두었어요. 깨끗이 씻어 오븐에 30분 정도 구워서 반으로 잘라 치즈만 뿌려도 맛있답니다. 아무 요리도 하기 싫은 날 간단히 굽기만 하면 되니 오늘 저녁에 구워보세요.

물 주는 시간

6月

저는 식물에게 물을 줄 때 스프링쿨러로 주기보다 고무호스로 일일이 식물 상태를 살펴 가며 주는 편입니다. 사실 이렇게 하면 꽤 많은 시간이 소요되지만, 그 시간이 그렇게 좋을 수가 없습니다. 저만의 물멍 시간이죠. 물만 주는 게 아니라 식물의 상태를 살피며 교감하는 시간이니까요.

엘더플라워가 피기 시작합니다. 크림색 꽃에 병아리색 수술이 점점이 귀엽게 달린, 앙증맞은 작은 꽃이 연둣빛 줄기에 조롱조롱 달려 한 송이가 됩니다. 이 향기롭고 사랑스런 꽃으로 코디얼을 만들어두면 한여름 탄산수에 넣어 시원한 에이드로 즐기거나 젤라또, 젤리, 소르베, 아이스바도 만들 수 있습니다.

찰랑찰랑 차가운 엘더플라워 쥴레Elderflower gelée는 엘더플라워 코디얼에 물을 더하고 아가 파우더Agar powder로 굳혀 만드는데, 아름다운 유리그릇에 담아야 맛이 배가 됩니다. 한천과는 조금 다른 해초인 아가로 보석같이 굳혀서 차갑게 딱 한입 초여름의 맛을 즐겼습니다.

Recipe. 엘더플라워 코디얼 6月

재료: 엘더플라워 꽃 30송이, 레몬 3개, 설탕 1.5kg, 물 1.5l

오전에 딴 엘더플라워는 씻지 말고 살짝 흔들어 깨끗하게 털어줍니다. 냄비에 물과 설탕을 넣고 끓여 설탕이 녹으면 엘더플라워, 레몬주스, 레몬 껍질을 넣습니다. 엘더플라워가 뜨지 않도록 눌러서 24시간 우려낸 다음, 체에 걸러 살균된 병에 담고 냉장고에 보관합니다.

일 년의 한가운데인 6월은 땅의 힘을 듬뿍 받아 보기만 해도 힘이 느껴지는 채소의 계절이죠. 텃밭에서 키우는 브로콜리는 장소는 많이 차지하는데 고작 한두 개 수확할 수 있지만, 초록빛 잎의 색과 질감 그리고 힘차게 차오르는 꽃봉오리를 보고 있으면 저도 모르게 힘이 느껴져 초봄에 꼭 심는 채소 중 하나입니다.

저는 브로콜리를 데치기보다 냄비에 찌듯이 익혀 먹는 방식을 좋아합니다. 냄비에 올리브오일과 마늘, 칠리 플레이크를 넣고 향이 올라오면 먹기 좋은 크기로 자른 브로콜리와 잎을 같이 넣고 소금 약간, 물을 조금 부어 뚜껑을 닫습니다. 그러면 영양소의 손실 없이 가장 알맞은 상태로 브로콜리를 익힐 수가 있거든요. 또 하나의 팁, 늘 끓이는 채소 수프의 마무리에 수확한 브로콜리를 잘라 넣고 바질 페스토를 살짝 올려보아도 새로운 느낌의 수프가 됩니다.

식물이 잘 자라지 않던 언덕바지 땅에 부모님의 집에서는 너무 번져서 골칫거리였던 어성초를 얻어와 심었더니 이제야 제자리를 찾은 듯합니다. 어성초는 그 척박한 언덕에서 두 해를 보내고, 올해에는 앙증맞은 순백의 꽃이 만발해 장관입니다. 제자리라는 것이 사람에게나 식물에게나 참 중요한 것 같습니다. 어성초는 길게 잘라 병에 꽂아두어도 예쁘고, 꽃을 따서 보드카나 다른 도수 높은 증류주를 부어두면 오래도록 아름다운 꽃이 그대로 보존됩니다. 어성초 팅크Tincture는 피부 트러블에 여러 가지로 유용하게 쓰이기도 해서 꽃이 피면 만들어두곤 합니다.

어성초는 이름에서 알 수 있듯이 잎과 뿌리에서 비릿한 냄새가 나는 허브지만 사실 탈취 효과가 상당합니다. 잎을 잘라 냉장고에 넣어 보면 확실히 효과 만점입니다. 벌레가 싫어하는 식물이라 집 주위에 심어두면 벌레도 쫓고 피부에도 좋아 어성초 성분이 들어간 화장품도 많이 있지요. 차로 마시기에는 왠지 부담스러울 것 같지만 차로 우려도 좋습니다.

잉글리시 라벤더는 월동은 잘 되지만 우리나라의 장마에는 잘 견디지 못하죠. 그런데 재작년 처마 아래 심어둔 것이 두 해 동안 장마를 잘 견디길래 올해도 처마 아래에 모종을 심었더니 며칠 전 꽃이 피었습니다. 잉글리시 라벤더를 심을 때는 가능하면 비를 덜 맞는 곳에 심으세요.

라벤더 향이 진한 아침, 바스크 치즈케이크에 장식하려고 라벤더 꽃을 설탕에 섞어 솔솔 위에 뿌렸더니 향도 좋고 사각사각 씹히는 은은한 단맛도 괜찮네요.

하지 감자 6月

오늘은 감자 캐는 날, 하지입니다. 낮의 길이가 가장 긴 날이 오기를 기다렸다가 드디어 오늘 흙 위를 살살 걷어 보았습니다. 이 맛에 채소를 키우죠! 생산성은 적지만 그래도 기쁨의 크기로 생각하면 포기할 수 없는 일입니다. 채소밭이 가장 풍성하고 아름다운 이맘때는 오이도 많이 열리고, 딜도 꽃을 피우고, 옥수수 잎도 근사하고, 양배추도 장미꽃처럼 아름답습니다. 긴긴 낮 시간 재미있게 보내세요.

적자소 주스

6月

작년에 적자소 씨를 여기저기 뿌려두었더니 뽑아버려야 할 만큼 싹이 많이 나와서 적자소 주스를 만들었습니다. 적자소 주스는 고수(코리앤더)만큼이나 맛의 호불호가 강하지만 저는 정말 좋아합니다. 매력적인 맛에 방부 효과도 대단하지요. 작년에 만들어 둔 주스도 그대로 보존이 될 정도니까요. 적자소를 넣은 우메보시도 몇 년이 지나도 그대로인 걸 보면 대단한 방부력입니다.

태가 잘 안 나는 마당 일이지만 하루라도 거르면 태가 확 나니 아침부터 땀 흘리고 시원하게 적자소 주스를 쭉 한잔했습니다. 적자소 줄기를 뚝뚝 잘라 잎을 떼어내고, 물에 넣고 끓여 거른 후 꿀과 좋은 식초를 넣어 병에 담아 보관하면 됩니다. 제 개인적인 처방은 소화가 안 될 때 특효예요.

당근은 초여름과 가을에 두 번 수확합니다. 당해 가을에 수확한 여름 당근 몇 개는 뽑지 않고 그대로 둡니다. 그러면 다음 해 여름에 여리여리하지만 우아한 꽃으로 보답하죠. 올해 초봄에 심은 점같이 작은 씨앗은 이제 솎아서 먹을 수 있을 만큼 커서 제법 당근 향이 짙어졌습니다. 해를 걸러 진득이 기다려야 당근 꽃을 만날 수 있어요. 그래서 더 반갑습니다.

올해 3월에 심어둔 당근 씨는 뿌리가 자라 6월의 입을 즐겁게 해주고, 작년 7월에 심었던 당근 씨는 가을에 수확해 먹고, 남은 당근은 그대로 월동해 올 여름에 꽃으로 피어나 눈을 즐겁게 해주네요. 매년 봐도 봐도 신기한, 점 같은 씨앗이 몇천 배로 늘어나는 마법. 신비롭고도 신기한 세계입니다.

베리의 계절이 시작되었습니다. 레드 커런트, 구스베리, 블랙 커런트, 블루베리…. 야생에서 저절로 잘 자라는 베리들. 구스베리는 올해 옮겨 심었는데도 열매를 맺어 익기 시작하고 엘더베리는 꽃이 피기 시작합니다.

몇 년을 키워 6월이면 주렁주렁 열매가 열렸던 레드 커런트가 지난해 폭우에 떠내려가 올해 다시 심었습니다. 있을 땐 귀한지도 모르다가 올해는 세 송이쯤 열린 게 그렇게 귀하고 예뻐서 한 송이씩 음미하며 먹었습니다. 레드 커런트는 빨갛게 익었을 때 따서 냉동해두면 디저트 데커레이션을 할 때 두고두고 쓰거나 딸기잼을 만들 때 조금 넣으면 빨갛고 예쁜 잼을 만들 수 있습니다. 저는 냉동해둔 딸기에 봄에 만든 딸기 시럽을 넣어 푸드 프로세서로 갈아 소르베를 만들었습니다. 여기에 민트나 바질을 넣고 갈아도 또 다른 느낌의 소르베가 되죠. 한 스쿱 먹고 나니 갑자기 온 여름 더위가 싹 사라졌습니다.

한 해도 같지 않은 풍경 그리고 시시각각 다른 느낌. 이 맛에 텃밭 가꾸는 일이 흥미롭습니다. 궁합 좋은 식물끼리 때맞추어 꽃이 피고 열매를 맺는 요즘. 오이가 열리기 시작하면 딜 꽃이 피기 시작하고, 황매실이 절여질 즈음에는 적자소가 무성해집니다. 쿵짝이 잘 맞는 식물들, 옆에 심어서 도움을 주는 식물들. 보기에 무질서한 것 같아도 서로 잘 어우러져 잘 살고 있습니다.

살구 6月

살구의 계절이 시작되었습니다. 손으로 양쪽을 벌리면 정확히 반으로 갈라져 씨가 똑 떨어지니 먹기도 쉬운 살구. 살구를 먹을 수 있는 시기는 아주 잠깐이라 제철에 손질해 저장해두면 두고두고 아름다운 살구색 시럽을 즐길 수 있어요.

먼저 소독한 유리병에 살구를 반으로 잘라서 넣고, 세로로 칼집을 낸 바닐라빈 두 개도 넣어주세요. 여기에 살구와 동량의 설탕을 넣고 매일매일 일주일 정도 잘 섞어주면 발효가 됩니다. 살구 시럽이 잘 발효되면 걸러서 냉장 보관한 다음 디저트에 살짝, 탄산수에 살짝 부어서 드셔보세요. 시럽에서 걸러낸 살구도 버리지 말고 요거트에 넣어 먹으면 아주 맛있습니다. 많이 만들지는 말고 아주 조금만, 계절의 재미와 즐거움으로 만들어보세요.

홉의 계절 6月

엊그제 하늘을 보다가 연둣빛 홉이 주렁주렁 꼭대기에 달려 있는 걸 발견했습니다. 홉의 계절이 시작되었습니다. 저는 맥주를 사랑하기도 하지만 홉을 티로 마시는 것도 아주 좋아합니다. 쌉싸름한 에일 맛이 나는 홉티는 따뜻하게도 시원한 아이스티로도 그만이죠.

가지에 줄줄이 열린 홉을 칡 줄기 말아 놓은 것에 돌돌 말아서 벽에 걸어두고, 열매를 반으로 잘라 보니 맥주의 쓴맛과 아로마를 느끼게 하는 암술의 노란 알갱이, 루플린이 가득입니다. 병에 반으로 자른 홉을 넣고 물이나 탄산수를 넣어 냉침해두면 알콜 없는 맥주 같기도 한 것이, 신선한 홉 향이 향기롭지요. 보기만해도 기운이 솟는 초록빛 홉.

황금 보리 6月

창가에서 보리가 황금빛으로 익어갑니다. 사진은 식물을 더 자세히 들여다보게 만듭니다. 어제 살구와 같이 선물 받은 보자기 위에 보리를 올려놓고 한참을 들여다보았습니다. 청보리도 아름답지만 모두가 푸르를 때 누렇게 익은 보리도 참 그림 같습니다. 반 정도 쓰러진 것 같으니 이제 거두어들일 때가 되었을까요? 6월부터는 슬슬 거두어들일 것이 많아집니다. 뿌리고 거두고, 뿌리고 거두고. 이러한 반복이 매해 한 번도 같은 적이 없으니 정원 일이 지루할 틈이 없습니다.

르 코르뷔지에가 설계한 주택 중에서도 가장 사랑을 받았다는 빌라 사보아에 가본 적이 있습니다. 빌라 사보아가 근대 건축에서 중요한 의미를 가지는 건축물이긴 하지만 그 당시 살았던 사보아 가족들은 누수, 난방 불량 등의 문제로 건축가에게 수십 통의 항의 편지를 보내고, 주택을 잘 사용하지 못했다고 합니다.

'보이는 게 다가 아니다'라는 명언이 있지요. 전원주택에 살아보니, 관리는 꼭 염두에 두어야 할 제일 중요한 문제입니다. 보기에 근사한 것과 실제 생활은 좀 다른 문제입니다. 집 관리는 전원생활에서 아주 중요합니다. 아파트처럼 관리 사무소가 있는 것이 아니기 때문에 살면서 어떤 문제가 생겼을 때 스스로 해결하거나 자잘한 고장을 믿고 고쳐주는 곳을 알아둔다면 주택이라서 크게 스트레스 받을 일은 없는 것 같습니다. 그래서 가능하면 전원주택은 개성 강한 집보다는 단순한 구조로 스스로 관리에 스트레스를 받지 않는 편이 좋은 것 같습니다.

여름,

7月

참외가 열리고 익어 가는 여름. 영어로는 Korean Melon. 우리나라와 일본 일부 지역에서만 먹는답니다. 참외 키우는 방법이 참 재미있는 것이 아들 줄기가 자라면 아버지 줄기가 더 뻗지 않게 잘라주고, 손자 줄기가 자라면 또 아들 줄기가 더 자라지 않게 잘라서 손자 줄기만 키우라고 하네요. 얼마나 쭉쭉 뻗어 나가는지 이제 어디가 아버지 줄기고 어디가 손자 줄기인지 헷갈려서 대강 잘라 주었는데도 참외가 주렁주렁 달려 기분 좋은 아침입니다.

마트에 철 이른 하우스 참외가 끝날 무렵 텃밭의 노지 참외는 전성기가 시작되죠. 그때 한 개씩 따 먹는 것이 한여름의 큰 즐거움입니다. 너무 지나치게 달지 않은 참한 단맛. 햇빛이 쨍한 날 갓 딴 참외를 물통에 넣고 물놀이로 잠시 더위를 식혔습니다. 내가 키웠으니 안심하고 껍질째 먹어도 되는 참외로 소르베도 만들고 샐러드도 만들어야겠습니다.

토마토가 빨갛게 완숙되기를 기다리려고 하면 까치가 먼저 쪼아 먹거나 익기도 전에 비가 연일 내려 원하는 상태의 토마토를 수확하기가 쉽지 않네요. 그래서 어쩔 수 없이 반쯤 익었을 때 따서 후숙시킨 후 토마토 주스를 만들어 보관합니다.

요즘 토마토가 맛있을 때 토마토 주스를 한번 만들어보세요. 토마토를 적당히 잘라 냄비에 넣고, 중불에 뚜껑을 덮어 푹 무르게 끓입니다. 익은 토마토를 핸드블렌더로 갈아준 후 체에 걸러 씨와 껍질을 걸러냅니다. 그리고 다시 한번 소금 약간을 넣고 팔팔 끓이면 됩니다. 그래야 색도 빨갛게 되고 분리가 되지 않아요. 단순하지만 저의 비법이라면 비법입니다. 소독한 병에 뜨거운 토마토 주스를 붓고 뚜껑을 꽉 닫아 진공 보관하면 실온에 두어도 1년 정도 보존이 가능합니다.

복숭아 7月

복숭아의 계절이 왔습니다. 복숭아는 냉장고에 보관하면 맛이 없어지기 때문에 실온에 두어 후숙합니다. 하지만 요즘 같은 더운 날씨에는 또 금세 물러지니 절반 정도는 병조림으로 만들어 냉장고에 두면 여름 디저트로 최고지요.

Recipe. 복숭아 병조림 7月

물 1컵에 화이트와인 1컵, 레몬즙 1개분을 넣고 끓으면 복숭아 2~3개를 껍질째 6~8조각 정도 내어 씨도 같이 넣어 중불에서 뭉근히 끓입니다. 냄비 위에 구멍 낸 종이 호일을 덮고 복숭아가 속까지 푹 익을 무렵이면 껍질도 저절로 벗겨집니다. 이때 꼭 복숭아를 속까지 익혀야 변색이 되지 않습니다. 불을 끄고 껍질과 씨는 건져낸 다음, 마지막에 설탕 대신 꿀 1/3컵을 넣고 다시 한번 끓인 다음 좋아하는 허브를 넣어 소독한 병에 부어 진공 보관합니다. 완성된 병조림을 차갑게 두면 복숭아가 쫄깃해져서 아이스크림에도 요거트에도 케이크 위에도 다 잘 어울리죠.

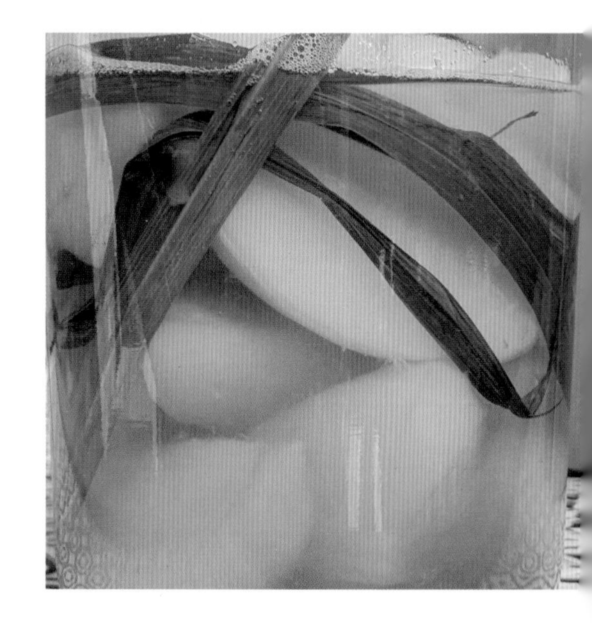

어릴 적 처음 접했던 서양 허브인 월계수. 지금까지 맡아보지 못한 그 향과 맛에 이끌려 저는 허브 홀릭Herb holic이 되었습니다. 고대 그리스 시대에는 영웅이나 승자에게 영광의 상징으로 월계수로 만든 월계관을 주었다고 하지요. 스튜같이 뭉근히 끓이는 요리나 피클에 월계수 잎을 한두 개 넣는 것만으로도 이국적인 맛과 향을 느끼게 합니다. 아파트 베란다에서도 키우기 쉬운 허브를 꼽으라면 저는 단연 월계수를 추천하고 싶습니다. 특별히 신경 쓰지 않아도, 물을 자주 줄 필요도 없이 가까이 두면 요긴하게 쓰이는 허브지요. 가끔씩 리프레시가 필요할 때 월계수 잎을 찢어 향기를 맡아보세요. 머리가 맑아집니다. 요리에 쓸 때는 생잎보다는 말린 잎이 쓴맛은 사라지고 상쾌하고 달큰한 향이 살아납니다. 오늘은 월계수 묵은 잎을 솎아내어 말려두려 합니다.

여름 허벌 아이스티 7月

동이 틀 무렵부터 아침 전까지, 고요하지만 새 소리와 향기 가득한 시간을 즐기다가 텃밭에 갑니다. 이런저런 밭일을 하고 땀을 흠뻑 흘린 후 돌아와 마시는 여름의 허벌 아이스티. 땀을 흘려야 더 맛있지요. 전날 밤 저그에 레몬 버베나, 레몬그라스 잎을 잘라 뜨거운 물을 부은 다음 식혀서 냉장고에 넣어둡니다. 잘 우러난 티는 바로 얼음을 넣어 마셔도 좋고, 그냥 찬물에서 냉침해도 됩니다.

자리를 차지하지 않으면서 두루두루 쓸모가 있는 옷과 가방, 모자 걸이. 사용하지 않을 때도 눈에 거슬리지 않는 옷걸이가 있었으면 좋겠다는 주문을 했더니 남편이 버려진 나무의 껍질을 벗겨서 철물점에서 고리를 사다 박아 걸어 주었습니다. 집에 손님이 여러 명 오셨을 때 옷이나 모자, 가방을 여기저기에 그냥 두기도 그렇고 의자에 걸어두는 것도 보기가 좋지 않았는데 이렇게 걸어두니 유용하고 보는 재미가 있네요. 뭐든 직접 만들어보는 것이 주택 살이의 소소한 즐거움입니다.

여름의 열매들 7月

이제 열매들이 아직은 어설퍼도 제 모습을 확실히 드러내고 있습니다. 그러나 여름을 잘 버티고 원하는 열매로 영글어 가는 일은 만만한 일이 아닌 것 같습니다. 비바람, 벌레, 폭염 같은 악재들을 다 딛고 버텨야, 비로소 원하는 열매로 성장할 수 있는 것이 청년기의 시기와 참 닮았다는 생각이 드네요. 꽃씨도 완전히 여물면 근사하지만 그 사이의 과정이 너무 지저분해 보여 뽑아 버리고 싶은 충동이 생기지만, 이를 잘 이겨내면 씨앗이 여문 모습이 무척 아름답습니다.

세이지 튀김 7月

여름의 습기만 잘 견뎌내면 월동은 문제없는 세이지. 향만 맡으면 너무 강한 듯하지만 돼지고기 요리나 소시지와 최고의 궁합을 보이는 허브입니다. 게다가 봄에 피는 보라색 꽃이 얼마나 아름다운지 말할 것도 없지요. 한여름에 더욱 억세진 세이지는 튀김옷을 입혀 올리브오일에 튀기면 또 한번 변신을 합니다. 생으로 먹긴 부담스러운 세이지가 열을 가하면 향기로운 매력이 폭발합니다. 한여름 밤 시원한 맥주 한 잔에 세이지 튀김이면 부러울 게 없죠.

백합과의 꽃들이 한창일 때 여지없이 장마가 시작됩니다. 땅에 심은 백합은 꽃가루가 떨어지는 수술만 떼어 들여오고, 화분에 심어둔 백합은 비를 피해 데크 안으로 들여다 놓았습니다. 땅에 묻어만 두었을 뿐인데 달걀보다 작은 구근에서 마법이 일어납니다.

어제는 비가 온다기에 카사블랑카와 글라디올라스를 잘라 집 안에 꽂아두었는데 하루 종일 쨍쨍합니다. 무화과도 열리고, 해바라기도 쭉쭉 올라가 당당히 꽃을 피워내는 여름은 벌레와 습기 때문에 괴로워도 사랑스럽습니다. 당당한 여름, 당당함이 최고의 매력이죠.

이른 봄 작은 핑크빛 꽃이 피며 1m도 안 되는 키로 자라는 아담한 이스라지 산앵두. 저절로 꽃도 잘 피고 열매도 잘 열리는 베리입니다. 장마가 시작될 무렵이 되면 빨갛게 익어서, 비가 쏟아지기 전 아침에 부지런히 따두었습니다. 알이 너무 작아 번거롭기는 해도 집중해서 따다 보면 재미도 있고, 금세 한 바구니 담겨 있는 모습을 보면 뿌듯하죠.

수확한 산앵두를 깨끗이 씻어 키친타월 위에 한나절 두면서 무른 것이나 썩은 것을 골라내고, 물기를 제거한 후 꿀과 애플사이다 비네거를 부어서 보름 정도 둔 후 체에 씨를 걸러 병에 보관해두세요. 씨는 크고 과육은 먹을 것이 별로 없는 앵두나 보리수는 이렇게 슈럽Shrub을 만들어두면 쓰임이 또 많아집니다. 여름 갈증 해소에도 이만한 것이 없답니다.

오이 7月

쑥쑥 잘도 자라는 여름의 채소, 오이. 오이가 넘쳐날 때 맛있게 즐길 수 있는 레시피를 몇 가지 소개합니다. 원하는 채소를 좋아하는 맛과 크기일 때 수확해서 먹을 수 있다는 건 채소를 키우는 사람의 가장 큰 즐거움이에요.

Recipe. 오이 & 민트 젤리 7月

오이의 청량한 색과 향이 더위를 이기게 해주는 요즘입니다. 오이, 민트 시럽, 젤라틴을 넣어 찰랑찰랑하게 굳혀 차갑게 먹는 오이 & 민트 젤리Cucumber & Mint gelée. 요즘 우리 집에서 먹을 수 있는 디저트입니다. 자고 나면 주렁주렁 열리는 오이 덕분에 다양하게 요리에 활용합니다. 오이 젤리에 들어가는 민트 시럽은 미리 만들어두면 아주 유용합니다. 줄기를 제거한 민트 잎을 끓는 물에 30초 정도 데쳐 찬물에 넣어 식힌 후 적당량의 물을 넣고 믹서에 갈아줍니다. 10분간 그대로 두었다가 체에 거른 민트 주스에 설탕을 1:1로 섞어 민트 시럽을 만듭니다. 병에 담아두면 오이 주스에 넣어 먹거나 모히토 만들 때도 좋지요.

Recipe. 오이 꼬치 7月

오이를 딱 원하는 굵기와 길이일 때 따서, 소금에 굴려 30분 정도 절인 후 헹궈줍니다. 지퍼락에 오이, 물 약간, 다시마, 고추 약간, 쯔유를 부어서 1시간 이상 냉장고에 두었다 꼬치에 꽂아 오니기리와 같이 먹으면 더 바랄 게 없는 여름의 맛이죠.

냉동 과일에 아가베 시럽이나 메이플 시럽을 넣고 레몬즙 약간, 민트를 넣어 푸드 프로세서에 갈기만 하면 완성되는 여름 디저트 소르베. 딸기, 특히 멜론이나 복숭아가 무르려고 할 때 냉동해서 만들면 최고입니다. 과일에 따라 어울리는 허브를 더해보세요.

텃밭에서 채소를 키우면 아무리 시차를 두고 씨를 뿌리고 모종을 심어도, 여름이면 수확물이 넘쳐나게 됩니다. 그럴 때 당근, 호박, 양파, 이탈리안 파슬리, 샐러리, 감자, 양배추 심 부분, 파 뿌리 같은 채소를 냄비에 모두 넣고 채소 스톡을 만들어둡니다. 냄비에 채소, 물, 소금 1스푼을 넣고 약한 불에 아주 천천히 1시간 이상 끓여주면 생각보다 아주 깊은 맛이 나지요. 보르미올리 병에 뜨거운 채수를 부어 뚜껑을 꼭 닫아 두면 진공이 되어 실온에 두어도 상하지 않습니다. 처치 곤란한 채소가 냉장고에 있다면 이렇게 한번 활용해보세요. 리조토나 수프, 국이나 찌개를 만들 때도 두루두루 아주 유용하답니다.

감자 샐러드

소금만 넣어 담백하게 찐 감자가 조금 지루해질 때쯤 블랙 올리브, 이탈리안 파슬리, 적양파, 엑스트라 버진 올리브오일, 레몬즙, 큐민 파우더, 파프리카 파우더, 케이엔 페퍼를 넣어 매콤한 감자 샐러드를 만듭니다. 목수국이 만발한 후덥지근한 한여름. 집 나간 입맛도 되돌아오게 하는 맛이네요.

Recipe. 코리앤더 절임

사랑스러운 코리앤더 꽃이 지고 나면 후추 같은 초록색 씨가 맺히기 시작합니다. 그대로 여물게 두어도 좋지만 아직 아삭할 때 씨를 따서 피시 소스를 부어보세요. 일주일 정도 지나 마늘, 청양고추, 코리앤더 잎 다진 것, 그리고 라임즙을 섞어 소스를 만들어 닭고기나 돼지고기 먹을 때 곁들이면 최고입니다. 코리앤더 절임은 샐러드나 국수, 죽에도 무척 잘 어울리지요.

여름,

8月

무화과 8月

무화과의 계절이 시작되었습니다. 열매는 아직 덜 여물었지만 지금은 무화과 잎의 오묘한 향과 맛을 즐겨보세요. 무화과 잎을 잘라 생으로 또는 말려서 뜨거운 물을 부어 티로 마셔보세요. 입안 가득 퍼지는 무화과 향이 대단합니다.

설탕과 물을 동량으로 넣고 끓여, 무화과 잎을 넣어 시럽을 만들면 코코넛 향도 나고 만드는 내내 향긋한 무화과 향이 집 안 가득 퍼집니다. 완성된 시럽은 소르베나 젤라또, 판나코타에 넣어보세요.

수확의 계절이네요. 조롱박을 딱 한 포기 심었는데 이렇게 많이 달릴 줄 알았다면 지지대를 더 튼튼히 해주어야 했는데 태풍에 그만 쓰러져서 일찍 거두었습니다. 화이트빈도 껍질을 까보니 새하얀 콩이 주르륵. 수확량은 고작 1컵이지만 맛있게 먹어야겠지요. 거둬들이는 기쁨을 같이 나누고 싶은 아침입니다.

바질을 냉장고에 넣어 보관했다가 잎이 시커멓게 변해서 당황한 경험이 있으신가요? 바질을 냉장고에 넣으면 온도가 너무 낮아서 잎이 검게 변하니 물에 꽂아두고 사용해보세요. 초록색 잎이 보기에도 좋을 뿐 아니라 금세 뿌리가 나오니 화분이나 땅에 옮겨 심어도 됩니다. 특히 민트나 바질을 구입했을 때 유용한 방법이지요.

냉장 보관을 해야 할 때는 키친타월로 바질을 한번 감싸 밀폐용기에 넣어 채소칸에 보관하면 검게 변하는 것을 방지할 수 있습니다.

금화규 8月

금화규Gold hibiscus가 피기 시작했습니다. 금화규는 오전에 꽃이 피었다가 오후에는 오므리는 식물이니, 오전에 꽃을 따서 말려 두었다가 뜨거운 물을 부어서 티로 마셔 보세요. 특별한 맛은 없지만 식물성 콜라겐이 풍부하게 들어 있다고 하니까요. 찻물이 꽃의 빛깔 그대로 병아리색으로 우러나는 금화규는 어디서든 잘 자라고 잎, 줄기, 뿌리 어느 것 하나 버릴 게 없답니다. 알고 보면 우리 주변에서 구할 수 있는 좋은 티가 참 많지요. 로즈메리, 타임, 세이지, 바질…. 전부 뜨거운 물만 부어주면 간단하면서도 몸에 좋은 티가 됩니다.

여름 텃밭

8月

지나고 나면 또 이 뜨거운 여름을 기다리게 될 거 같아요. 날이 더워서 새벽이어야 그나마 텃밭 일을 할 수 있는데, 아침 일찍 땀을 쭉 빼고 나면 또 나름대로의 쾌감이 있거든요. 이제 채소도 잡초도 성장이 더디어지고 있네요. 영원히 덥지만은 않다는 것이 얼마나 고마운 일인지. 봄·여름·가을·겨울 사계절이 있다는 것이 참 감사한 아침입니다.

쌉쌀한 어른의 맛 디저트 커피 젤리. 젤라틴 9g에 물 90ml를 넣어 불려둔 다음, 에스프레소 또는 진한 드립 커피 200ml, 설탕 1큰술을 넣고 잘 녹입니다. 여기에 얼음 1컵을 넣고 저어 몽글몽글 굳기 시작하면 얼음은 빼고 유리컵에 부어서 냉장고에서 5분 정도 굳히면 커피 젤리가 됩니다. 집에 생크림이 있다면 크림에 위스키 한 방울 넣어 휘핑해 올려도 맛있죠. 그 위에 쌉싸름한 초콜릿도 사사삭 갈아 올리면…. 금세 만들 수 있는 어른스러운 맛의 디저트가 됩니다.

시소 8月

저희 집 텃밭에는 요즘 시소가 한창입니다. 텃밭에 시소를 한번 심어두면 씨가 떨어져 다음 해에 어디선가 저절로 싹이 트고, 6월쯤에 여기저기 흩어져 있는 모종들을 모아서 심어주면 쑥쑥 잘 자라니 여름내 다양하게 즐기며 먹을 수 있어요. 시소는 고기, 생선은 물론 오이와도 궁합이 좋습니다.

Recipe. 냉훈제 연어 8月

생선과 궁합이 좋은 시소와 곁들이기 위해 냉훈제 연어를 자주 만들어 먹습니다. 마트에서 파는 연어 필렛을 바로 회로 먹지 않고 누룩 소금을 앞뒤로 발라 뚜껑이나 랩을 씌우지 않은 채로 냉장고에서 하루 이틀 둡니다. 그러면 냉훈제 연어가 되어 색도 더 선명해지고 살이 더 쫄깃해집니다. 누룩 소금이 없다면 천일염만으로 만들어도 됩니다.

완성된 냉훈제 연어의 맛은 시중에서 판매하는 훈제 연어보다 훨씬 담백한 맛입니다. 3~4일 정도 지나도 맛있지요. 쫄깃한 연어에 슬라이스한 시소와 양파, 레몬즙, 후추, 엑스트라 버진 올리브오일을 뿌려 곁들여 먹어보세요. 시소 대신 딜이나 다른 허브를 넣어도 좋습니다. 화이트와인에 최고!

포도 8月

집 근처에 유럽 품종의 포도를 보석같이 귀하게 키우는 농장이 있습니다. 마침 제가 주문해둔 조생종이 나왔다기에 어제 한걸음에 달려갔다 왔어요. 아름다운 포도가 주렁주렁 보석같이 빛나서 포도나무의 좋은 기운을 듬뿍 받았네요.

Recipe. 포도 잎 요리(돌마) 8月

포도는 잎도 얼마나 유용한지 모릅니다. 포도 잎이나 양배추 잎, 무화과 잎 안에 쌀이나 고기를 넣고 돌돌 말아 익혀 먹는 돌마Dolma라는 요리가 있습니다. 저희 집 포도 잎은 올해 영 시원치 않아 보기만 해도 힘찬 기운이 느껴지는 건강한 포도 잎을 농장에서 얻어 와 만들었습니다. 농약을 치지 않은 포도 잎이 있다면 한번 만들어보세요.

STAUB

습도가 최고조로 달한 입추 아침입니다. 여름도 막바지군요. 뜨거운 여름빛과 초록에 지쳐갈 즈음 이제 가을의 문턱으로 들어갑니다. 밤송이도 제법 커지고 있고 대추도 실해지고 알프스 오토메도 점점 붉어집니다. 떠오르는 태양이 조금 두려운 아침이지만 시원한 콩국수로 더위 식히려 합니다.

토마토 샐러드가 물릴 때는 토마토 파르시Tomates farcies를 만들어 보세요. 요즘 넘치게 수확하는 토마토를 먹기에 파르시만큼 좋은 요리도 없는 것 같습니다. 토마토 속을 파서 그 안에 고기든 쌀이든 좋아하는 것을 양념해서 채운 다음 오븐에 굽기만 하면 됩니다. 수확한 채소를 밀리지 않고 잘 먹으면 땀 흘린 보람이 있지요.

여름은 이런 것.
꽃을 피우고 열매를 맺고,
씨앗을 맺어 또 다음을 기약하는 것.
뿌린 대로 거두는 것.

새벽부터 숨이 턱턱 막히는 습한 아침에 어제 펼쳐둔 마루야마 겐지의 에세이, 『시골은 그런 것이 아니다』를 읽고 한참을 웃었습니다. 어떻게든 되는 시골 생활은 없다며 귀촌에 앞서 알아두어야 할 것들을 꼭꼭 찝어준 게 너무 웃기기도 하고 너무 겁을 주기도 해서 이 책을 읽는다면 전원생활의 환상이 완전 산산조각 날 것 같습니다. 꼭 그렇게 무시무시한 건 아닌데 말입니다.

전원에 주택만 있고 전원생활이 없을 때 시골 생활은 귀찮고 힘들고 불편하고 지루해집니다. 여유롭기만 한 전원생활은 쉽지 않은 것 같습니다. 특히 여름에는 말이지요. 남이 볼 때는 지루한 시간 같지만 남들이 보지 못한, 아니 볼 수 없는 것들을 발견하는 일이 매번 감동스럽고 기뻐야 힘들고 귀찮은 일들도 기꺼이 즐기게 됩니다. 그러려면 몸이 바삐 움직여야 기쁨의 빈도가 늘어납니다. 그래야 전원생활이 새록새록 즐거워집니다. 그렇다고 무조건 일만 하는 것도 저는 아니라고 생각합니다. 감당할 수 있을 만큼만 해야 오래 지속할 수 있습니다. 혹시라도 전원생활의 꿈을 키우고 계시다면 한번 참고로 읽어보세요. 그러나 제 생각은 꼭 그렇지는 않습니다.

올해 수확한 마지막 노란 수박. 오이는 슬라이서로 얇게 썰어 접시에 깔고, 노란 수박을 잘라 적양파 슬라이스, 고수를 올립니다. 여기에 엑스트라 버진 올리브오일, 와인 비네거, 머스터드, 소금을 섞어 드레싱을 만들었습니다. 이제 슬슬 뜨거운 여름과 작별할 준비를 하면서요.

가을 준비 8月

아무리 비가 오고 바람이 불어도 때가 되니 여물 건 다 여물고 고추도 붉어지기 시작하는군요. 정원과 텃밭의 식물들이 지쳐 가장 미운 모습일 때, 사실 밭에 들어가기도 싫을 이때 다시 씨를 뿌려야 빛나는 가을 결실을 맺을 수 있습니다. 그러고 나면 다시 또 빛나는 시절이 온다는 걸 아니까요.

하늘로 솟아 열린 빨간 태국 고추는 5개씩 묶어 비 맞지 않는 곳에 걸어 말리고, 나머지는 잘게 썰어 병에 담아 식초, 소금, 설탕, 물 넣고 끓여 부어두었습니다. 이제는 수확한 채소를 갈무리할 시기. 사랑하는 저의 홉은 뜨거운 티로도 아이스티로도, 그리고 당연히 맥주를 만들 때도 그리고 묶어서 걸어도 오래도록 아름답습니다. 다시 내년에 만날 약속을 하며 줄기를 정리했습니다.

AUTUMN

가
을,

가
을,

9月

9월의 첫날입니다. 어제 동네 한 바퀴를 돌아보니 벼도 제법 여물어 가고 밤, 대추도 실해지고 있네요. 다가오는 가을을 기쁘게 맞이합니다.

가을이 오기 전까지는 텃밭에 이런저런 간섭을 합니다. 내가 심지 않은 건 뽑아 버리기도 하고 솎아주기도 하고 가지를 정리하기도 하면서요. 그런데 가을이 올 무렵부터는 뻗고 싶은 대로 그대로 내버려둡니다. 뻗을 가지는 뻗게 그대로 두고 다른 가지와 엉기면 엉긴 대로 두고, 누런 잎도 그대로 두지요. 어떻게든 살려보려 해도 비바람에 녹아버린 식물도 있지만 크게 관심을 두지 않아도 식물은 당당하게 스스로의 존재를 드러냅니다. 물을 주지 않아도 이제는 깊이 뿌리가 내려 가뭄도 타지 않는, 지금부터 서리 오기 전까지는 느긋이 즐기는 시간입니다.

뭐든 그냥 내버려두어도 큰 탈이 없는 요즘이 식물이든 사람이든 딱 좋은 황금 같은 시기인 듯합니다. 이제 거둘 것만 거두면 되는, 다른 잔잔한 것은 신경을 꺼도 되는 황금 같은 나날이죠. 초록 촉촉 생기 가득한 봄여름과는 다른 진짜 매력이 보이니까요. 있는 그대로, 이제는 그럴 시간입니다.

2월에 아시안 마트에서 산 레몬그라스 몇 줄기를 물에 꽂아두었더니 뿌리를 내렸습니다. 그리고 5월쯤 땅에 묻었더니 요즘 믿기지 않을 정도로 풍성하게 자랐네요. 한 줄기씩 잘라 뜨거운 물을 붓거나 냉침해두면 이보다 더 좋을 수 없는 레몬그라스티Lemonglass tea.

볕 좋고 바람 좋았던 어제는 정원의 레몬그라스를 잘라 조금씩 묶어 말려두었습니다. 다른 허브들은 5월 말에 왕성하게 자라 향이 진할 때 말려두고 레몬그라스는 7~8월 사이에 쑥 자라기 때문에 9월쯤에 한 묶음씩 묶어 말려둡니다. 한 줄기씩 둘둘 말아 티로 마셔도 좋고, 주전자에 넣어 낮은 불에 올려두면 향이 가득 퍼져 순간 태국의 어느 리조트에 온 기분을 주는 허브입니다. 오늘같이 눈부신 아침에 빨랫줄에 레몬그라스를 걸어 둔 것만으로도 리조트에 온 것 같네요.

한번만 씨를 뿌리면 매년 여기저기서 잘도 자연 발아하는 메리골드. 채소 사이에 심어두면 메리골드의 독특한 향 덕분에 채소에 벌레들이 꼬이지 못하게 도와줍니다. 녹색 채소들 사이에서 주황, 노랑 꽃들이 피어 텃밭에 생기를 불어넣어 주기도 하고요. 애쓰지 않아도 꽃을 잘 피워 집 안에 꽂아두기도 좋습니다. 꽃이 막 피어날 때 꽃송이를 따서 끓는 물에 한 번 데쳐 말려두면 겨우내 활용할 수 있어요.

얼마 전에 수확한 화이트빈 1컵을 푹 익혀서 소금, 후추, 마늘, 큐민 파우더, 엑스트라 버진 올리브오일, 레몬즙을 넣고 핸드블렌더로 갈아 후무스를 만들었습니다. 달리아 꽃은 여름부터 가을까지 수없이 많은 종류와 다양한 색으로 피어나니 매력적이죠. 달리아 꽃잎을 떼어서 후무스 접시에 올려보세요. 치즈 플레이트에도 잘 어울립니다.

장기 보관이 가능한 당근은 봄가을에 두 번 수확할 수 있는데, 가을 당근은 다음 해 꽃을 너무 예쁘게 피우기 때문에 7월 말에서 8월 초에 꼭 심곤 합니다. 오늘은 샐러드로 먹기 좋은 야들야들한 당근 싹을 솎아서 샐러드에 넣었습니다. 당근 채, 엑스트라 버진 올리브오일, 소금, 현미식초, 다진 건포도, 거기에 타바스코 한두 방울을 섞어보세요. 살짝 톡 쏘는 매콤함이 입안을 싹 가셔주거든요. 당근 샐러드의 포인트는 타바스코 소스, 그리고 굵직한 강판이에요. 진하게 무겁게 많이 먹은 다음 날에는 가볍게 산뜻하고 살짝 매콤한 당근 샐러드를 만들어보세요.

오이 김밥

9月

4단으로 주렁주렁 열린 가을 오이만 넣고 한입에 쏙 들어가게 돌돌 말았습니다. Simple is the best.

Recipe. 데친 오이 샌드위치

9月

생오이의 아삭한 식감과 향도 좋지만 오이를 얇게 슬라이스해서 끓는 물에 소금 약간 넣고 살짝 데쳐 찬물에 헹군 후 꼭 짜서 엑스트라 버진 올리브오일, 소금 약간, 후추를 넣어 샐러드로 또는 샌드위치 안에 넣어 드셔보세요. 오돌오돌 아작아작한 식감도 좋고 찬바람이 나면 생오이보다는 데친 오이가 더 어울리는 것 같습니다. 혹시 오이를 싫어한다면 이렇게 한번 친해져보세요. 싫어하는 것이 있다면, 싫은 사람이 있다면 한 번쯤 방법을 바꾸어서요.

자기 전에 병아리콩 한 컵을 씻어 물에 담가두었다가 아침에 로즈메리 한두 가지를 넣고 전기밥솥에 물3컵 정도 부어 백미 코스로 눌러두면, 넘치지도 않고 설컹거리지 않게 병아리콩을 푹 삶을 수 있습니다. 냄비에 병아리콩과 콩 삶은 물, 양파 약간, 큐민 파우더 약간, 소금을 넣고 끓여 핸드블렌더로 갈아주면 되는 든든하고 따뜻한 수프. 그릇에 담아주고 큐민 파우더 조금, 엑스트라 버진 올리브오일 휙 둘러서 복잡한 조리 과정 없이 금세 만든 따뜻하고 맛있는 수프로 간밤에 태풍으로 긴장한 속을 풀어야겠습니다.

호박 수확 9月

썩어서 던져둔 호박에 있던 씨가 스스로 싹을 틔워 울타리를 장악해 주렁주렁 열렸습니다. 자라고 싶은 곳에서, 살고 싶은 곳에서. 그리고 저는 거두기만 했습니다. 이런 가을을 꽤 여러 번 보냈는데도 한 번도 지루하지 않고 매번 새롭고 재미있고 즐거운 일.

추석 9月

빈대떡용 녹두는 물에 불려두고 땅에 떨어진 도토리도 주웠습니다. 줍고 보니 너무 아름다운 도토리 껍질. 그리고 싹은 제일 늦게 나지만 가을이 오면 제일 먼저 결실을 맺는 밤, 대추, 토란. 그중에서도 잎만 봐도 예술인 토란은 줄기, 뿌리까지 버릴 것 하나 없이 심어만 두면 어떤 곳에서도 잘 자라는 사랑스런 채소입니다. 맛도 있고 보관도 오래 가능하며 요리법도 다양한 보물 같은 채소. 오늘 캐보니 역시 땅 속에 뽀얀 보물이 가득 들어 있네요.

Recipe. 플로랑틴 9月

칼로리도 낮고 재료를 그냥 섞기만 하면 만들 수 있는 아몬드 플로링틴. 둥근 보름달 같은 모양에 와인과도 잘 어울리니 추석용으로 한번 만들어보세요.

150도로 예열한 오븐에 아몬드 슬라이스 2컵을 11분 정도 구워 식힙니다. 볼에 설탕 3큰술(취향대로 더 넣으셔도 됩니다), 달걀흰자, 소금 약간, 구운 아몬드 슬라이스를 넣고 섞어 둥근 틀 안에 한 스푼씩 떠서 수저로 눌러가며 얇게 펴주세요. 이대로 150도에서 11분 정도 굽기만 하면 됩니다. 습기에 약하니 꼭 밀폐 용기에 제습제를 넣어 보관합니다. 저는 어제 전지한 금송 잎 위에 올렸더니 추석 기분이 나네요.

고추 수확 9月

고라니가 순을 다 따 먹어 한창 열릴 때를 지나 지금 열리기 시작하는 고추들. 하여간 열렸으니 다행입니다. 위로 솟은 베트남 고추부터 보라 고추, 할라피뇨, 피망, 파프리카까지 매운맛의 강도도 빛깔도 다 다른 칠리 친구들. 스파이스 중에서도 고추는 종류로 치자면 최고로 많지 않을까 생각됩니다. 3000종이나 된다고 하니까요.

늘 같은 자리인데 특별히 달라 보이는 날이 있습니다. 어느 날은 또 그저 그렇기도 하다가도 말이지요. 그래서 사람도, 물건도 풍경도 단박에 결정짓고 판단하지 말아야겠습니다. 모든 것에는 여러 모습이 있으니까요. 오늘따라 더 눈부신 가을 아침 햇살 덕분에.

가
을,

10月

시골에 집을 지으려고 땅을 살 때 가장 중요하게 생각했던 것은 주위에 산책길과 산이 있어야 하고 남향일 것, 전봇대가 보이지 않으며 집 앞의 풍경에 앞으로도 변수가 생기지 않는 것이었죠. 많은 사람이 다니는 큰 도로가 아니고 이곳에 사는 사람들만 아는 작은 길과 주위에는 오로지 논밭뿐. 차도 거의 다니지 않아서 한여름 빼고는 거의 매일 산책을 즐길 수 있다는 것이 지금의 집이 있는 땅을 구입할 때의 결정적 이유였습니다.

하루도 같은 풍경이 없는 산책길이 있다는 것에 감사합니다. 콩잎이 노랗게 물들어 단풍이 들고, 추수를 끝내고 가지런히 말리고 있는 볏단이 아름다운 요즘입니다. 어어, 하다가 가을도 후딱 가버릴 것 같아 산책길에 여기저기 피어 있는 향기 짙은 산국을 살짝 집 안으로 들여왔습니다. 넘어가는 해를 보며 붙잡을 수는 없어도 충분히 맘껏 이 가을을 즐기고 싶네요.

나오는 시기가 아주 잠깐이라 지금 맛보지 않으면 휙 지나가 버려 맛보기도 어려운 홍옥. 이제 슬슬 월동 준비를 해야 하는 로즈 제라늄과 찰떡궁합이라 함께 볶듯이 조려두면 요거트, 젤라또, 핫케이크에 두루두루 요긴하게 쓰입니다. 홍옥은 껍질째 잘게 잘라 레몬즙, 설탕을 넣고 잠시 재워두었다가 바닥이 넓은 냄비에 넣고 센 불에 재빨리 끓여주세요. 마지막에 로즈 제라늄을 채 썰어 넣고 하루 정도 두면 로즈 제라늄 향이 더 짙어집니다.

가을 아침

더위, 습기, 벌레도 모두 때가 되니 사라지고 푸르름도 이제 거의 막바지인 듯합니다. 붉게 여무는 열매들, 꽉 차 가는 들깨…. 불과 며칠 사이에 이제 뜨거운 차가 필요한 아침이네요. 산책하다 보니 이제 밤도 거의 다 떨어졌고 취꽃, 샤넬 향수에 들어 있다는 금목서 그리고 은목서 등 가을꽃이 한창입니다. 가을꽃을 병에 꽂아두었더니 기분 좋은 향이 그득합니다. 이제 거두어들이기만 하면 되는 가을. 매년 맞이하는 풍경이어도 또 새롭고 반가운 모습입니다.

토란은 봄에 심어놓은 것을 잊어버릴 때쯤 싹이 나기 시작해, 다른 채소가 시들해질 무렵부터 싱싱하고 힘차게 자라기 시작합니다. 연잎 같이 생긴 커다란 잎도 멋있지만 땅속에서 스스로 실하게 크는 토란이 신통합니다. 토란은 쪄도, 구워도, 튀겨도 어떻게 해도 맛있는 매력 만점 식재료지요.

토란 잎은 바비큐를 할 때 종이 호일 대신 유용하게 사용해도 좋고, 보기만 해도 시원해 보여서 관상용으로도 그만이죠. 비바람에도 끄떡없어서 심어만 두면 어떤 땅에서도 실하게 자라고 절대 벌레가 탐을 내지 않습니다. 무엇보다 장기 보관이 가능하니 겨우내 양식이 되어 줍니다. 토란 줄기는 삶아서 말려두면 나물로 육개장에 넣을 수 있으니 버릴 것이 없는 식물입니다. 내년 봄 화분에 토란 서너 개만 흙에 묻어보세요. 어떤 식물보다 여름을 근사하게, 가을을 맛있게 해줄 겁니다.

Recipe. 토란구이

토란 잎이 있다면(없다면 종이 호일) 토란을 싸서 오븐에 구워보세요. 200도로 예열한 오븐에 토란 잎에 싼 토란을 넣고 소금을 약간 뿌린 다음 30분 정도 구우면 됩니다. 구운 토란은 특유의 미끈거리는 느낌이 없어지고 껍질도 까기 쉽고 파근파근한 식감으로 변합니다. 또는 토란을 끓는 물에 데쳐서 껍질을 깐 다음 좋아하는 스파이스나 미소를 섞은 다음 구워도 맛있습니다. 잘 구워진 토란 잎을 여니 한동안 연기가 모락모락. 가을 느낌이 제대로 나네요

시소의 하얀 꽃이 조롱조롱 달려 지금이 절정이네요. 최적의 조건을 고려해 야심 차게 씨를 뿌렸을 때는 그렇게 발아가 더디더니 작년 겨울에 뒷산에 버리듯이 뿌린 씨는 물 한번 안 주고 관심도 전혀 안 주었는데 제가 생각했던 최악의 조건이 최적의 시소 밭이 되었습니다.

그러고 보면 자신의 최적의 상태를 내가 아닌 남이 어떻게 알겠습니까? 남은 최악이라 생각한 조건이 본인에게는 최적일 수도 있으니까요. 시소 꽃이 만발한 뒷산 돌밭에서 든 생각입니다. 시소는 꽃송이를 튀겨도 맛있지만 식초, 간장, 물, 설탕을 넣고 끓여서 식혀 꽃송이를 담가두면 한 달 정도 더 신선한 향을 즐길 수 있습니다.

순두부 만들기 10月

자기 전에 콩 1컵을 깨끗이 씻어 불린 다음, 착즙기에 불린 물을 넣고 짜서 1.2리터 정도 콩물을 만들어줍니다. 콩물을 냄비에 넣고 넘치지 않게 잘 저어 끓어오르기 전에 불에서 내려 간수 1큰술 뿌려 살살 저어줍니다. 그렇게 만들어진 순두부. 양념 간장도 없이 한입에 떠넣으면 나는 고소한 콩 냄새. 아하~~! 하고 저절로 감탄사가 터지는 맛입니다. 집에 있다는 안도감이죠.

이동식 조리대 10月

집 안에 냄새가 배지 않으면서 불꽃 튀며 구이를 할 수 있게 남편이 만들어 준 이동식 가스렌지. 냄새가 나거나 오래 끓이는 요리를 만들 때도 부담이 없고 불꽃이 보이니 요리하는 맛이 납니다. 뒤처리도 간편하고요.

불꽃 없는 인덕션을 오래 써서 그런지 오히려 가끔씩은 불 위에서 지지고 볶으며 음식을 만들고 싶을 때가 있고, 생선도 불꽃을 튀어 가며 굽고 싶어집니다. 뭉근히 시간을 들여 끓이는 국이나 찌개가 먹고 싶지만 집 안에 쿰쿰한 냄새가 배는 건 싫었거든요. 이런 이야기를 오랫동안 궁시렁댔더니 남편이 무서운 가스통은 장 속에 쏙 집어넣고, 안 쓸 때는 덮어두고 또 바람 불면 바람막이용으로 쓸 수 있는 뚜껑을 달아주었습니다. 덕분에 요즘은 밖에서 냄새 걱정 없이 지지고 볶는 재미가 쏠쏠해졌습니다. 실외에서 바글바글 된장찌개도 끓이고, 김치찌개도 끓이고, 지지직 석쇠에 생선도 구울 수 있게 해주어 고맙고 고마운 저의 필수품입니다.

주말 아침 달걀 한 알, 약간의 허브로 세계 여행 떠나보세요. 한 알은 타이 바질, 한 알은 차이브로…. 오일을 넉넉히 두른 프라이팬에 지글지글 소리 들으며 달걀을 튀기듯이 익혔습니다. 허브 향이 훅 올라오네요. 가을 장마가 길어지지만 소소한 즐거움을 찾아 주말을 즐기세요.

올해 92세인 아버지가 70세에 시골로 이사와서 취미로 시작하신 로스팅. 로스팅을 한 지도 어느덧 20년이 넘으셨지만 커피를 볶을 때는 언제나 진지한 표정이십니다. 가까이 살고 계셔서 당연하다고 생각했는데 이런 모습을 영원히 볼 수는 없을 것 같아 가끔씩 사진을 살짝 남겨둡니다. 둘째 사위에게 선물 받은 로스터기로 이전보다 한결 편안하게 로스팅을 하게 되었어도 볶는 내내 지켜 서서 아버지만의 손맛을 넣고, 또 마지막에는 상태 나쁜 원두를 일일이 골라냅니다.

아버지의 커피를 22년 동안 마셔서인지 이제는 인이 박혀서 마시지 않으면 하루의 시작이 서운합니다. 특별하지 않아도 익숙한 맛, 물리지 않는 맛, 사랑이 담긴 마법의 커피. 그래서 원두를 파는 곳이 지천에 있는 요즘에도 네 딸들은 물리지 않는 커피를 받기 위해 일주일에 한 번은 부모님 댁에 가게 됩니다.

파파스 커피Papas coffee의 20년 넘은 단골인 네 딸들과 이웃들의 주문 덕에 아버지는 한여름에도 로스팅을 쉬지 못하시지만 한 번도 귀찮다고 생각하지 않으시니 감사할 따름입니다. 언제든지 주문 즉시 로스팅, 22년째 같은 가격, 그러나 품질은 매년 업그레이드, 무엇보다 아버지의 즐거움.

편안히 앉아서 아버지가 내려 주는 커피를 받아 마시며 감사와 사랑을 전해봅니다.

10월의 한낮은 아직도 여름인 것 같지만 그래도 이제 서서히 월동하기 어려운 식물들을 화분에 옮겨 적응시킨 후, 실내로 들여올 준비를 합니다. 실내로 들어온 화분 그림자가 그림이네요. 이제 조금씩 월동 준비를 합니다.

가을이 전성기인 배추, 무, 양배추, 콜라비 같은 채소는 자기 차례라 힘차게 힘차게 자라고 있고요, 봄여름 채소인 상추, 쑥갓, 고추, 오이, 차이브는 자라긴 자라지만 맥이 좀 빠져 봄만큼 반짝이지 않는 게 가을 키친 가든의 모습입니다. 또 다시 때가 오면 상황은 바뀌겠지요. 뭐든 돌고 돌고 돕니다. 때가 아닐 때는 용을 써봐야 어쩔 도리가 없네요.

가
을,

11月

세상에서 가장 비싼 향신료라 불리는 샤프란Saffron을 수확했습니다. 대부분의 다른 구근들과는 달리 샤프란 구근은 8월 말쯤 땅이나 화분에 묻어둡니다. 그러면 어느날 보라색 꽃이 활짝 피면서 빨간 암술 3개가 보일 거예요. 그게 바로 우리가 아는 샤프란입니다. 꽃 한 송이에 달린 빨간 암술 3개를 일일이 손으로 떼어내야 하니 비싸지 않을 도리가 있을까요?

수확한 샤프란은 꿀에 넣어두어도 좋고, 파에야나 부야베스 등 요리에 넣거나 가볍게 티로 마셔도 좋습니다. 집을 비운 며칠 사이 샤프란 꽃이 활짝 피었는데 비가 와서 걱정했지만 다행히 온상 안에 심어서 빨간 꽃술이 그대로 있네요. 빨간 꽃술을 떼어내 접시 위에 올려 말리고 꽃잎도 그대로 말려두면 쓰임이 많습니다. 요즘같이 늦가을에 비가 요란히 오는 우리나라에서 샤프란을 키우려면 아무래도 비를 맞지 않도록 키우는 편이 안심이 됩니다.

샤프란은 귀한 암술을 채취하는 것이 첫 번째 목적이지만 저는 꽃잎을 쓰기 위해서도 구근을 심습니다. 10월부터 순차적으로 11월까지 계속 꽃이 피고 지고 하면서 샤프란도 채취하고 꽃잎도 디저트에 자주 활용하죠. 레어 치즈케이크 위에 올해 샤프란 꽃잎을 올려 젤라틴으로 굳혔습니다. 샤프란 꽃은 피자마자 꽃을 따서 암술을 채취해야 하니 꽃잎은 억울할 것 같아서요. 꽃잎도 말려두면 디저트에 요긴하게 쓰입니다.

올해 심어둔 유자나무에 그래도 유자가 3개나 열려 꽃같이 두고 보다 폰즈를 만들었습니다. 유자 껍질은 그레이터로 살살 긁어 소금을 섞어 유자 소금을 만들면 되고, 또 즙은 다시마 한 조각, 청주 1컵, 물 1/2컵을 넣고 끓여 알코올을 날린 후 간장 1컵을 넣고 바글바글 거품이 나도록 끓여줍니다. 마지막으로 가츠오부시 한 줌을 넣어 그대로 식힙니다. 그런 다음 유자즙을 자신이 좋아하는 맛이 나도록 넣어서 걸러두면 샐러드, 냄비 요리, 샤브샤브에 두루두루 요긴하게 쓰이죠. 첨가물 없는 폰즈를 만들어보세요. 레몬즙이나 다른 감귤류를 넣어도 좋습니다.

Recipe. 유자 소금 11月

엊그제 그레이터로 긁어놓은 유자 껍질을 하루 정도 접시에 펼쳐 두었다가 소금을 넣고 잘 으깨어 유자 소금을 만들었습니다. 유자가 없다면 레몬, 라임으로 만들어도 좋습니다. 병에 제습제를 넣어 보관했다가 어느 요리든 살짝 뿌려보세요.

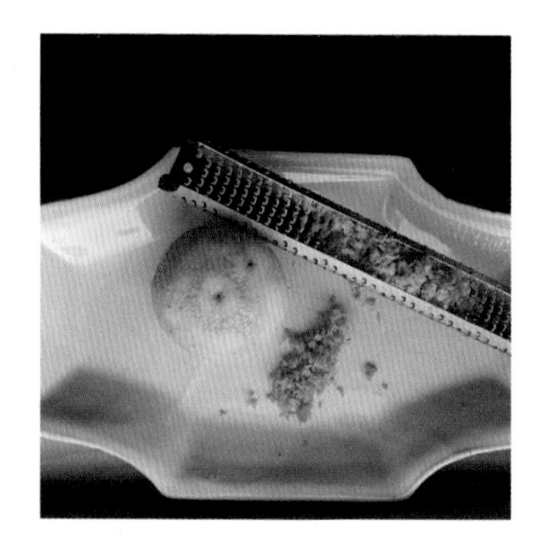

우리집 백과사전인 아우가 알려준 곶감 말리는 비법. 어느 정도 말랐을 때 오며 가며 곶감을 주물러주어야 딱딱하지 않은 말랑한 곶감이 된다고 합니다. 아우는 영화 <리틀 포레스트>에서 우체부가 가르쳐 준 비법이라고 하는데, 역시 뭐든 배워야 합니다.

영화 한 편 보면서 작은 대봉감을 감자 칼로 쓱쓱 벗겨 곶감 걸이에 착착 10개씩 걸어두면 창밖으로 가을에서 겨울로 스르르 넘어가는 걸 오롯이 느낄 수 있죠. 그러고 나면 찬바람, 햇살이 알아서 달콤한 곶감을 만들어줍니다. 말캉한 연시부터 쫀쫀한 곶감까지 다채로운 질감을 즐길 수 있으니 올가을 한번 시도해보세요. 한 개씩 곶감 빼먹는 재미가 그만입니다.

사실 남의 영양분을 빨아먹어 주변을 황폐화시키지 않는다면 칡은 가을에는 노란 단풍이 든 잎이 멋지고, 자주색 꽃도 예쁘고, 향기도 좋고, 뿌리는 음식 재료 또는 갈근이라는 한약 재료로도 쓰이니 여러모로 손색이 없는 허브죠. 그리고 줄기는 질기고 강해서 리스를 만들기에 최고입니다. 칡 줄기를 둘둘 말아놓은 것에 향나무 가지, 노박덩굴 열매를 끼워 리스를 만들었습니다. 매일 산에서 이런저런 재료를 찾아 하나씩 채워 가며 리스를 만들어 다가오는 겨울을 맞이해야겠습니다.

사랑초 11月

겨울에 창가 빛으로 키우기 좋은 사랑초(옥살리스). 햇빛을 직접 보면 잎이 오므라들기 때문에 오히려 실내에서 키우기 좋아요. 빛깔도 아름답고 꽃도 잘 피어 샐러드에 디저트에 요긴하게 쓰입니다. 이름도 사랑스러운 '사랑초'니까요. 사랑초 한 화분만 있으면 겨우내 디저트나 치즈, 샐러드에 가니시로 사용하기에 딱 좋습니다.

크래커나 빵에 크림치즈를 바르고 올리브 슬라이스와 사랑초를 올려보세요. 새콤한 끝맛이 기분 좋고 가니시로도 그렇게 사랑스러울 수가 없습니다. 진한 요거트나 케이크와 같이 먹어도 좋고요.

봄날같이 따뜻했던 11월. 그래도 겨울은 올 테니 얼기 전에 무, 래디시는 일단 다 뽑아 보관해두고, 안토시아닌이 풍부한 보라 무로 수프를 만들었습니다. 무 자체만으로도 농도가 충분해서 밀가루나 밥을 넣지 않아도 됩니다. 올리브오일에 양파를 볶다가 무채를 넣고 살짝 볶아 물 넣고 푹 익힌 후 핸드블렌더로 갈아서 좋은 소금으로 간하면 됩니다. 제대로 못 자란 작은 무는 얇게 썰어 가니시로, 그리고 엑스트라 버진 올리브일을 마무리로 뿌리면 속도 든든하고 탈이 없는 음식이 됩니다.

이제 프레시 허브로 차 마실 수 있는 날이 며칠 남지 않은 것 같군요. 아직도 초록빛이 선명한 레몬밤, 펜넬, 펜넬 꽃으로 따뜻한 티 같이 마시며 하루 보내면 어떨까요? 신선한 허브 몇 줄기에 뜨거운 물 부어 우리시면 됩니다.

클로티드 크림을 직접 만들어 보세요. 파는 것과는 비교가 안 되는 맛이에요. 납작한 파이렉스 용기에 생크림을 부어서 뚜껑을 덮지 말고 80도 온도로 맞춘 오븐에 7~8시간 정도 두었다가 식혀서 냉장고에 넣어 둡니다. 그리고 크림이 굳으면 나무 스푼으로 쓱 떠서 병에 담아주세요. 그릇 아래 남은 우유는 버리지 말고 반죽에 넣어 따끈한 스콘을 구워서 클로티드 크림 듬뿍 올리고 잼을 넣어 드셔보세요.

Recipe. 겨울 무 간장 피클

겨울 총각무나 작은 무가 있다면 피클을 만들어보세요. 무를 3~4mm 두께로 적당히 썰어 창가로 들어오는 빛으로 하루 정도 말린 후 식초, 간장, 미림, 설탕을 4:3:2:1로 섞은 것에 넣고 청양고추나 유자 껍질을 넣어 하루 정도 재워둡니다. 하루만에도 수분이 빠져 살짝 쪼글거리는 무에 유자 향이 살짝 코끝에 스치면서 오돌오돌 씹으면 스트레스가 쫙 풀리는 느낌입니다.

Recipe. 무 수프

가을 무는 인삼보다도 좋다고 하죠. 이맘때면 저는 아무것도 넣지 않고 소금으로만 간한 무 수프를 자주 끓여 먹습니다. 양파 슬라이스를 올리브오일에 하얗게 볶다가 채 썬 무를 넣고 물을 잘박하게 부어주세요. 무가 말갛게 되면 소금을 넣고 핸드블렌더로 갈아줍니다. 접시에 담아 마지막에 엑스트라 버진 올리브오일을 뿌려줍니다. 딱 이맘때, 무가 맛있을 때 만들어 먹으면 최고의 메뉴입니다.

KITCHEN GARDEN
& LIFE

날씨가 추워지니 아침에 나가기 싫어 꾀가 나지만 이런 풍경이 있어서 귀찮아도 텃밭을 둘러볼 생각에 설레입니다. 하루도 같은 풍경이 없으니까요. 서리 맞은 브로콜리 잎이 아침 햇살에 빛나는 순간, 한 겹 한 겹 채워 속이 꽉 차 가는 양배추, 지금 한창인 쪽파와 지천에 발아한 딜, 여기저기 뒹구는 낙엽들…. 지금이 아니면 못 만나는 풍경입니다.

전원생활에 맞는 사람

시골로 이사 온 지 20년이 훌쩍 넘으니 주변에서 전원생활에 대해 조언을 구하는 사람들이 많습니다. 한 가지 분명한 것은 우리가 어쩌다 여행을 가서 보는 평화로운 시골의 풍경 때문에 그렇게 매일매일 지낼 것 같지만… 글쎄요?

조금 템포를 느리게 살 수 있는지, 그리고 육체적인 노동을 즐기고 감내할 수 있는지, 사람과 물건보다는 자연의 소리에 더 즐거움을 느끼는지 생각해보시면 좋겠습니다. 전원에 근사한 주택만 있고 전원에서의 생활이 없다면 바비큐 파티 몇 번 하고 지루해질지도 모르는 게 전원생활이라고 말해드리고 싶습니다.

WINTER

겨울,

겨
울,

12月

역시 '재료를 뛰어넘는 요리는 없다'라는 말에 200퍼센트 공감합니다. 각자의 취향이 있겠지만 제가 신선한 겨울 굴을 먹는 방법은, 레몬도 후추도 더하지 않고 전용 나이프로 바로 까서 전용 포크로 그대로 굴만 먹는 것이 최고였습니다. 그리고 굴 껍질에 위스키를 부어서 한잔…. 통영에서 올라온 귀하고 작지만 탱탱한 개체 굴을 제대로 맛보았습니다.

석류 절임

연말의 석화나 샐러드에 조금 들어가면 보석같이 예쁜 붉은 석류 절임. 석류 알을 떼어 병에 담고 와인 비네거를 부어 필요할 때 조금씩 사용해보세요. 냉장 보관하면 꽤 오래 두고 사용할 수 있습니다. 없어도 그만이지만 그래도 있으면 빛나는 것들이 많아질수록 삶의 잔재미가 늘어나고, 잔재미가 늘어야 힘든 일도 그럭저럭 잘 넘길 수 있는 것 같습니다.

말린 차이브 꽃 12月

차이브는 5월에 꽃이 필 때 말려두면 요즘 같은 강추위에 빛을 발합니다. 보랏빛 꽃을 초록색 브로콜리 수프 위에 살짝 뿌리거나, 크림치즈나 버터에 잘 섞어 하루 정도 두면 은은한 차이브 향에 아름다운 보라색이 위로를 주거든요. 허브 중에서도 월동을 잘하고 그냥 두어도 잘 자라고 꽃도 아름다운 차이브를 다음 봄이 오면 꼭 한번 키워보세요. 꽃이 피자마자 말려 냉동실에 보관하면 보랏빛 그대로 유지되어 요즘같이 추운 겨울에 아주 요긴합니다.

오늘 아침 꽁꽁 다 얼어버린 땅. 이게 겨울이죠. 실감! 실감! 정신이 번쩍 드는 12월입니다. 해 뜨면 사라질 풍경이겠지만…. 꽃 피는 봄, 여름 그리고 단풍 든 가을만큼 아름다운 겨울 풍경입니다. 일을 멈추고 그저 바라만 보아도 되는 겨울 정원을 좋아합니다. 곳곳이 속속들이 다 들여다보여 감출래야 감출 수 없는 겨울 정원. 그래서 더 아름답지요.

Recipe. <u>그리시니</u> 12月

주말 점심 그리시니를 만들어 와인 한잔 마시며 포르투갈과의 축구 경기에서 승리한 기쁨을 만끽합니다. 선물 받은 포루투갈산 정어리 파테랑 같이 먹으면 딱일 것 같아요.

재료: 강력분 250g, 박력분 100g, 드라이 이스트 1작은술, 소금 1작은술, 엑스트라 버진 올리브오일 1큰술, 설탕 1/2작은술, 미지근한 물 160~180ml, 세몰리나 1큰술

볼에 물(물의 양은 조절하세요), 드라이 이스트, 설탕을 넣고 잘 저은 후 밀가루, 소금을 넣어 말랑하게 반죽해주세요. 반죽을 두께 1cm의 타원형으로 밀어 올리브오일을 바른 후 세몰리나를 뿌려 랩으로 씌워 2배로 부풀 때까지 기다립니다. 부푼 반죽을 다시 1.5cm로 잘라 양손으로 잡아 늘이고, 200도로 예열한 오븐에서 12분 정도 바삭하게 구워주세요.

온갖 비바람을 다 겪게 만들어 좀 미안한 마음이 드는 모과나무. 생과일로는 먹지 못하는 모과도 푹 익혀 설탕을 넣고 졸이면 또 세상 맛있는 호박색의 페이스트가 됩니다. 그냥은 못 먹을 것 같은 것도 다 방법이 있습니다. 세상의 이런저런 일, 그냥은 안 되는 일도 방법을 찾아보면 답이 있을 것 같습니다. 모과 페이스트 멤브리요Membrillo를 만들어 만체고 치즈와 한번 같이 드셔보세요. 놀랍도록 궁합이 좋은 맛입니다.

물려받은 것도 있고, 선물 받은 것도 있고, 기념으로, 예뻐서 곁에 두게 된 오래된 나의 쿠키 커터. 크리스마스 무렵이 되니 더 자주 사용하게 됩니다. 부엌 선반에 하나씩 걸어두니 서랍 속에 넣어두는 것보다는 자주 만나게 되네요.

117년 만의 폭설이 온 날입니다. 빗자루로 쓸 수 있는 수준이 아니라서 삽으로 조금씩 눈을 떠낸 뒤 겨우 길을 내고, 제일 먼저 눈에 파묻힌 나무들을 구출해주었습니다. 그것도 고작 길을 낸 곳의 나무만 급한 대로 해주었어요.

아직 치울 엄두는 못 내고 고립 아닌 고립이 되어 있는 아침입니다. 잊지 못할 첫눈이네요.

겨울이 되면 오렌지 위에 대나무 꼬치로 만들고 싶은 모양을 그린 다음 구멍을 뚫어 그 안에 정향을 콕콕 박아 포맨더Pomander를 만들어 둡니다. 완성한 포맨더를 테이블 위에 올리고 바닥에 닿지 않도록 조금 띄워 공기가 통하도록 방향을 자주 바꾸어주면 크리스마스 무렵에는 수분이 다 빠질 정도로 마르면서 아주 가벼워지죠.

포맨더를 집안 여기저기에 두면 왠지 크리스마스 향이 납니다. 옛날에는 이렇게 포맨더를 만들어 옷장 안에 방충용으로 넣어두었다고 하네요.

크리스마스트리로 구상나무나 전나무 화분을 들여오면 처음에는 괜찮더라도 겨우내 실내에서 식물의 상태가 안 좋아지는 경우가 많지요. 죽지 않는 인조 트리는 또 매번 접었다 펴는 일이 만만치 않고요.

아라우카리아Araucaria라는 이 나무는 실내 화분 식물 중에서 크게 신경 쓰지 않아도 아주 잘 자라는 나무 중 하나입니다. 크면 큰 대로, 작으면 작은 대로 크리스마스트리 만들기에는 최고예요. 아라우카리아는 다른 계절에도 보기 좋지만 특히 겨울에 빛을 발합니다. 나무에 반짝이는 전등을 살짝 두르고 오너먼트를 걸기만 하면 크리스마스트리가 완성되니 이보다 더 좋을 수 없죠.

집안에서는 아라우카리아가, 밖에서는 에메랄드 그린이 멋진 크리스마스트리가 되어주네요.

Merry Christmas.

겨울이 되면 텃밭 일이 없어 한결 느긋하게 보낼 수 있지만 그래도 다음해 봄을 맞기 위해 자잘한 일들을 미리 해두어야 합니다.

그중 하나가 더 추워지기 전에 햇살 좋은 날 유용하게 사용했던 온상을 관리해두는 일이죠. 온상을 텃밭에서 옮겨와 흙을 털어내고 물로 씻어서 말린 후 오일 스테인을 발라줍니다. 겨울이 되면 밭에서 하는 일이 별로 없을 것 같지만 사실 겨울에도 미리미리 해두어야 할 일이 많이 있어요.

실내 저장 공간 12月

겨울철 집안 전체에 난방을 하지 않고, 어느 한구석에 찬 공간을 마련해두면 쓸모가 많습니다. 주택에 사는 경우 난방 없이 단열만으로 영하로 떨어지지 않는 공간을 만들어 두면 참 유용하죠.

이러한 공간이 있으면 테이블 위에 과일이나 양파 같은 것을 올려두기만 해도 집 안에 생기가 돕니다. 밖에서 월동이 어려운 식물들은 따뜻한 실내보다는 좀 추운 듯한 곳에 있을 때 더욱 싱그럽거든요. 사과도 호박도 꽃도 다 좋아하는 최적의 온도. 사람에게는 조금 춥지만 꼭 필요한 공간입니다. 천장과 창문에서 들어오는 햇살이 겨울에 더욱 빛을 발하네요.

이렇게 아름다운 씨가 있을까요? 꽃이 필 때는 풀숲에서 눈에 띄지도 않다가 씨를 터트려 보면 깃털이 달린 씨가 날갯짓하며 터져 나오는 것이 그렇게 아름다울 수가 없습니다. 예전에는 바늘집이나 도장집을 만들 때 박주가리 씨를 솜 대신 넣었다고도 합니다. 산책길 풀숲에서 박주가리를 찾으면 한번 터트려보세요. 뽀얀 명주가 터져 나오는 모습이 환상적입니다.

한 해의 마지막 날 12月

구워둔 쿠키를 빨리 식히려고 밖으로 나오니 아직도 녹지 않고 그대로인 눈 쌓인 마당에서 보게 되는, 넘어가는 해가 뭉클합니다. 이틀 남은 올해. 내일이면 또 해가 떠오르고 질 테지만 그래도 다시 한번 기운을 내봅니다.

겨울,

1月

새해 아침 1月

눈이 아직도 그대로인 1월 1일. 동네 산책길, 여명이 트는 이 순간.

올해도 다사다난한 한 해가 되겠지만 그저 모두 건강히 찬찬히 잘 걸어가길….

서너 가지 재료를 그저 섞기만 해서 오븐에 구우니 온 집 안에 맛있는 향과 따뜻한 기운이 확 퍼집니다. 사과의 달콤한 향과 따스한 기운을 같이 나누고 싶은 새해의 아침입니다.

재료: 버터 150g, 설탕 110g, 아몬드 파우더 150g, 달걀 2개, 중력분 30g, 사과 1개

실온에 둔 버터에 설탕을 넣고 잘 섞은 후, 풀어둔 달걀을 조금씩 넣고 섞어줍니다. 아몬드 파우더와 중력분도 넣고 잘 섞은 다음 반죽을 틀에 담고 슬라이스한 사과를 올려줍니다. 175도로 예열한 오븐에서 30~40분 구우면 됩니다.

편강 1月

몸의 온도를 높여 준다는 생강을 얇게 저며 설탕에 넣고 조려 말린 편강. 홍차를 우려서 편강 한 개 넣어주니 아주 살짝 감도는 단맛이 홍차의 맛도 올려주고 몸도 따뜻하게 해주네요. 겨울비 오는 아침 따끈하게 차 한잔 드시고 시작하세요.

껍질이 두꺼운 제주도 댕유자를 설탕에 절이고, 곰팡이가 피지 않도록 살짝 졸여서 보관했더니 일 년이 지나도 그 향과 맛이 그대로네요. 이대로 한 개씩 꺼내 집어 먹기도 하고 뜨거운 물에 넣어 티로 마시니 은은한 댕유자 향이 그득합니다.

라임이나 레몬을 그레이터로 갈아 소금을 넣고 코팅하듯이 으깨어 병에 보관해두고, 다양한 요리에 디저트에 솔솔 뿌려보셔요. 저는 시트러스를 쓸 일이 있을 때, 필요한 즙을 내기 전 제스트를 먼저 만든 후 즙을 냅니다. 딱히 제스트가 필요하지 않아도 제스트를 만들 때 껍질에서 나는 향만으로도 기분이 무척 좋아지거든요. 이렇게 좋은 천연 방향제가 또 있을까요?

두꺼운 책갈피 대신 클램프로 꾹 눌러놓았던 지난 봄과 여름 그리고 가을의 꽃. 뭐든 꽉 죄어 보관해주는 클램프 덕분에 잊고 있던 즐거움을 꺼내볼 수 있습니다. 보물 상자를 다시 열어본 기분이네요.

한겨울에 토마토를 굳이 자주 사 먹지는 않지만 그래도 종종 필요한 때가 있어 한 팩씩 사게 될 때가 있습니다. 그럴 때 저는 실온에서 토마토를 접시에 펼쳐두고 조금씩 나눠서 씁니다. 토마토는 실온에 두어도 열흘 이상 충분히 괜찮습니다. 오히려 껍질의 수분이 날아가면서 쪼글쪼글해져 더 진한 맛이 나죠. 하여간 토마토는 사계절 다 무조건 냉장고에 넣지 않아야 해요.

콩나물 1月

하루에 한 번 물만 갈아주면 딱딱한 콩에서 뿌리를 쭉쭉 뻗으며 깨어나는 힘찬 기운. 일 년 내내 비가 오나 눈이 오나 원하는 사이즈로 4~5일 정도면 수확이 확실한 콩나물. 콩나물을 키우면 무엇보다 생명이 깨어나는 느낌과 기운으로 온 집 안이 가득해집니다.

귤로 잼을 만들 때는 설탕을 넣지 않아도 충분히 단맛이 배어 나오므로 저는 설탕을 넣지 않고 마지막에 향신료만 살짝 넣어 만듭니다. 끓는 물에 귤을 껍질째 넣고 2~3분 정도 데쳐 껍질을 벗기면 하얀 속껍질이 깔끔히 떨어집니다. 껍질을 벗긴 귤을 세로로 잘게 잘라 조린 후 마지막에 카다몬이나 코리앤더 파우더를 넣습니다. 그러면 귤 향도 잘 살아나고 빛깔도 예쁜 귤잼이 됩니다. 크래커 위에 발라 와인과 같이 먹기에도 좋고요.

이른 봄꽃 소식　　1月

개나리 가지를 물에 꽂아두고 한 송이씩 꽃이 터지는 것을 발견하는 아침. 며칠 전에는 첫 진달래도 피었습니다. 꽃이 흐드러지게 피기 전, 한겨울에 조금씩 미리 누리는 봄꽃 소식! 봄같이 따뜻한 요즘이라 다시 추위가 찾아온다고 하지만 이제는 이미 추위도 크게 힘을 못 쓸 것 같습니다. 추위도 더위도 비도 결국은 머무르지 않고 다 지나갑니다.

크림치즈, 요거트, 생크림, 레몬즙, 설탕을 잘 섞어서 홈메이드 레어 치즈케이크를 만들어보세요. 꼭 젤라틴을 넣어 굳히지 않아도 반죽 그대로 컵에 부어서 차게 먹으면 맛있습니다. 자신의 취향대로 재료를 먹고 싶은 만큼 넣어서 섞어보세요. 치즈 맛이 더 강하다고, 요거트 맛이 더 진하다고, 레몬이 더 들어갔다고 해서 틀린 건 아니랍니다. 레몬이 없다면 비슷한 리큐어나 다른 것을 넣어도 괜찮아요. 요리를 할 때 맛을 상상하며 만들어보아야 자신의 취향이 뭔지 알 수 있는 것 같습니다. 그렇게 좋아하는 맛을 찾아 보내는 하루.

겨울 풍경

일 년 열두 달 매일매일 다른 풍경
안개 낀 날이라
비가 온 날이라
눈이 온 날이라
눈이 부시게 푸르른 날이라
다 다른 풍경.

곱게 화장한 푸른 신록도 좋지만
숨길 것 없이 속속이 들여다 보이는 겨울도 참 좋습니다.

땅속의 비밀 1月

아무리 성능 좋은 냉장고가 있어도 김치나 무를 땅속에 묻은 것 만큼은 못한 것 같습니다. 땅속의 비밀이 있는 게 분명합니다. 냉장고에 두었다면 벌써 바람이 들었을 무가 어느 해에는 다음해 4월까지도 짱짱하게 바람도 들지 않아서 맛있게 먹은 적이 있습니다.

올해 무 농사는 망쳐서 묻을 만큼의 양이 되지 않아 아쉽게도 냉장고에 보관했지만 이렇게 한 독 묻어놓고 겨우내 하나씩 채소를 꺼내 먹는 재미도 전원에서 사는 즐거움이네요.

설에 아직까지도 엄마의 만두를 먹을 수 있다는 것에 감사 또 감사.
그리고 누구 줄지 아직 안 정하셨다지만 양말을 뜨고 계시는 것도.

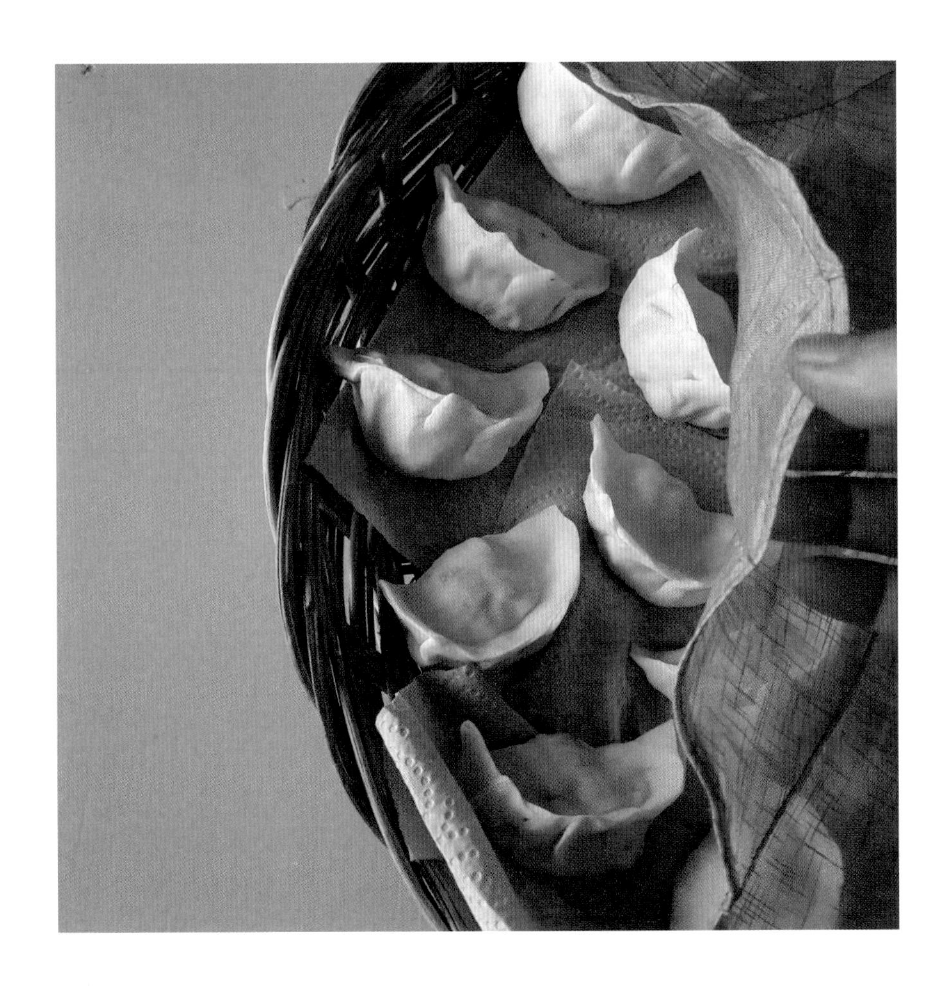

실러버브Syllabub라는 영국 디저트가 있습니다. 원래는 와인에 레몬 제스트, 설탕을 넣고 재운 다음 레몬즙과 휘핑한 생크림을 섞는 것인데, 저는 레몬즙과 설탕을 넣고 휘핑한 생크림에 리몬첼로를 섞어 만들었습니다. 실러버브 레시피는 정말 여러 가지가 있습니다. 어른스런 디저트가 먹고 싶을 때 그대로 먹거나 파운드케이크에 곁들여서, 쿠키에 찍어 먹어도 최고지요. 어제는 코가 오똑한 눈 오리와 함께 눈 쓸며 밖에서 먹는 디저트로도 괜찮았습니다.

추억의 찻잔 1月

나와 태어난 해가 같은 티포트, 시어머니가 남편이 어렸을 때 큰맘 먹고 사셨다는 50년도 더 지난 장미꽃 노리다케 티잔을 꺼내 오늘은 저먼 나라에서 온 다르즐링 캐슬턴 농원의 여름 차를 마십니다. 늘 같이 붙어 있으니 자칫하면 사이가 위태로울 수 있을 때 귀한 차를 우려서, 게다가 어머님이 어렸을 때 그릇장에 귀하게 모셔둔 티잔에 담아 주었더니 남편의 입이 귀에 걸려 새벽부터 아침이 밝아질 때까지 차 마시며 추억 여행을 했습니다. 듣고 또 들은 이야기지만 처음 듣는 것처럼요. 슬기로운 부부 생활, 덕분에 감사합니다.

미신일지 몰라도 저는 아침에 일어나면 생물이든 무생물이든 눈을 맞추고 사람의 온기를 불어넣어 주려고 합니다. 사람의 온기가 없다면 제아무리 멋진 공간이나 음식, 식물이라도 냉기가 느껴지는 것 같거든요. 전문가의 손길로 잘 다듬어진 멋진 정원보다 작은 화분이라도 반질반질 사랑이 듬뿍 담긴 것이 느껴지는 그런 공간을 훨씬 좋아합니다. 추워도 냉기가 느껴지지 않게, 오늘도 온기를 듬뿍 불어넣고 뜨는 해를 붙잡아 봅니다.

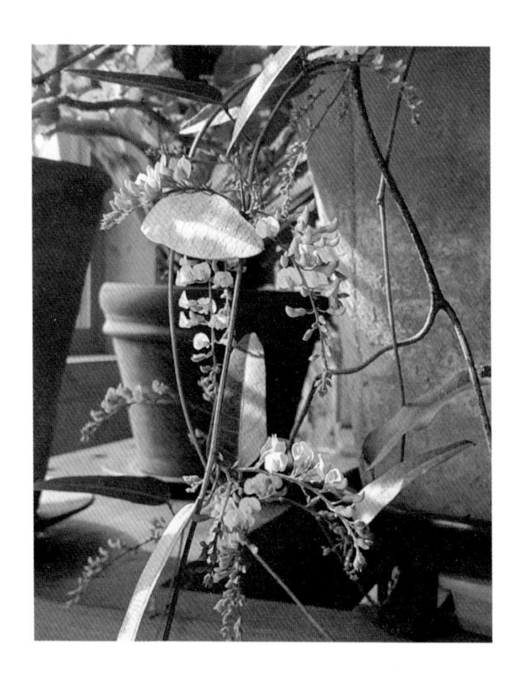

겨
울,

2月

집 안에 둔 수선화 꽃이 막 피려고 하는데 밖은 온통 흰색인 아침입니다. 겨울이 가려면 아직 멀었지요. 이렇게 몇 번을 봄인가 하면 아직도 겨울이고, 겨울인가 하면 봄이고…. 그렇게 몇 번을 지나야 완연한 봄이 오더라고요. 세상일도 매한가지인 것 같습니다.

씨앗 키우기

2月

씨앗 안에는 스스로 싹을 틔울 수 있는 영양분이 충분하기 때문에 수분만 있으면 흙이 없어도 싹이 톡 터져서 잘도 자랍니다. 특별히 수고를 하지 않아도 4~5일이면 새싹을 수확해 먹을 수 있고요. 꼭 꽃이나 희귀한 식물이 아니어도 평소에 먹으려고 산 녹두, 콩, 옥수수, 메밀, 귀리, 밀 등을 물에 불려서 접시에 키친타월이나 상토를 얇게 깔고 불린 곡물을 뿌려 두어보세요. 일주일이면 샐러드로 먹기에 충분하게 싹이 올라옵니다. 요리의 가니시로도 좋고 스무디에 넣어 먹어도 좋고 무엇보다 눈으로 봄을 즐길 수 있는 것이 가장 좋습니다.

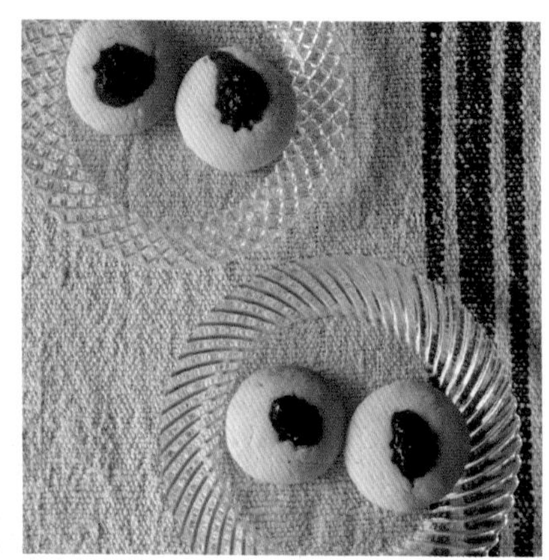

Recipe. 잼 쿠키 2月

덴마크에서 가장 자주 만드는 디저트로 잼 쿠키가 있습니다. 주말 오후에 20분만 투자하면 차 한 잔과 함께하기에 좋지요.

재료: 버터 200g, 설탕 75g, 바닐라 빈 1/2개, 달걀노른자 1개, 밀가루 275~300g, 베이킹 파우더 1작은술, 레드 베리(라즈베리, 레드 커런트, 딸기 등)로 만든 잼 적당량

실온에 둔 버터에 설탕과 바닐라를 넣고 잘 섞은 후 달걀노른자를 넣고 섞어주세요. 여기에 밀가루, 베이킹 파우더를 넣고 반죽해 32개 정도가 되도록 손으로 동그랗게 빚어줍니다. 반죽 가운데에 좋아하는 잼을 올리고 200도 오븐에서 10분간 굽습니다. 손으로 만든 것과 푸드 프로세서로 만든 것은 식감은 조금 다르지만 나름대로 다 맛있습니다.

늦가을에 히야신스나 수선화, 튤립, 무스카리 같은 구근을 심지 못했다면 요즘 같은 때 구근을 물 넣은 컵에 올려두면 조금 더 일찍 봄이 찾아옵니다. 힘차게 뻗어 내려가는 뿌리에 빼꼼히 올라오는 녹색의 싹을 보면 저절로 기지개를 켜고 싶어질 거예요. 봄이 가까워지고 있습니다. 몇천 원에 인터넷으로 주문한 구근을 물에 꽂아만 두면 가까이서 봄이 찾아옵니다.

여러 가지 종류의 시트러스를 얇게 슬라이스한 다음 말려서 병에 넣어 두면 겨우내 요긴합니다. 물에 넣어 시트러스 워터나 티로, 증류주에 넣어 즐길 수도 있고, 자몽과 라임즙을 더해 칵테일로, 오렌지 케이크의 재료로도 두루두루 잘 쓰이는 말린 시트러스. 겨울에는 꽃같이 예쁜 시트러스를 접시에 담아 테이블 위에 올려두는 것만으로도 기분이 상쾌해집니다.

겨울 현관 2月

겨울 현관은 고구마를 보관하거나 추위에 약하고 건조한 곳을 싫어하는 화분을 놓기에도 좋습니다. 온도가 너무 높아도 썩고, 낮아도 썩는 고구마를 보관하기에 딱 좋은 온도인 14~16도를 유지해주거든요. 어제는 이제 얼마 안 남은 고구마를 도톰하게 썰어 물에 담가 전분을 씻어낸 후 물기를 닦아 녹말가루 묻혀 올리브오일에 튀겼습니다. 올리브오일로 튀기면 적은 기름을 써도 바삭하고 입안에 기름이 돌지 않지요.

레몬이나 라임즙에 버터, 달걀, 설탕을 섞어 중탕으로 잘 저어주면 쉽게 만들 수 있는 레몬 커드. 크래커에 바르거나 토스트에 발라 먹어도 맛있지만 바닐라 아이스크림에 레몬 커드 한 스푼을 올려 초콜릿을 갈아 올려 먹으면 산뜻하면서 녹진한 맛이 참 인상적입니다. 제주 레몬과 구례 라임이 맛있는 요즘.

완두콩 순 2月

접시에 상토를 넣고 불린 완두콩을 조르르 올려놓으면 똑같이 심어도 순이 올라오는 순서가 다 다릅니다. 그렇게 오래도록 초록을 즐기다가 순을 잘라 샐러드에 몇 가닥씩만 올려도 봄기운이 가득입니다. 꼭 큰 텃밭이나 화분이 아니어도 작은 접시만 있으면 충분합니다. 조금 일찍 봄이 찾아오는 소리를 들어보세요.

크루아상과 딸기의 조합. 크루아상은 꼭 바삭하게 그리고 안은 살짝 촉촉하게 구워 식혀야 제맛입니다. 그리고 반으로 갈라 크림치즈를 바른 후 딸기를 얇게 썰어 올리고 뚜껑을 덮어 먹으면, 깨무는 순간 행복이 확 밀려오죠. 뒷마당의 눈은 아직도 그대로인 쨍하고 추운 아침입니다. 그래도 공기는 상쾌합니다. 예쁜 딸기 덕분입니다.

겨울도 있고 봄도 시작하려 하는 2월은 애매한 달이지만 나름의 매력이 있습니다. 밖에는 아직 흰 눈이 군데군데 남아 있고, 기다리던 새빨간 동백이 한 송이씩 피기 시작하고, 보라 싸리도 이제 막 피기 시작하는 걸 보니 봄이 멀지 않다고 알려주는 듯합니다.

키친 가든 & 라이프

1판 1쇄 인쇄 2025년 1월 14일
1판 1쇄 발행 2025년 1월 23일

지은이 박현신
펴낸이 김기옥

라이프스타일팀 이나리, 장윤선
마케터 이지수
지원 고광현, 김형식

사진 이주연, 박현신
디자인 스튜디오 고민
인쇄 민언프린텍
제본 우성제본

펴낸곳 한스미디어(한즈미디어(주))
주소 121-839 서울시 마포구 양화로 11길 13(서교동, 강원빌딩 5층)
전화 02-707-0337 | 팩스 02-707-0198 | 홈페이지 www.hansmedia.com
출판신고번호 제313-2003-227호 | 신고일자 2003년 6월 25일

ISBN 979-11-93712-79-5 03590